绿色农业原色图谱丛书
动物疾病诊治

羊病诊治原色图谱

王林枫　辛国省　主编

河南科学技术出版社
·郑州·

图书在版编目(CIP)数据

羊病诊治原色图谱／王林枫，辛国省主编.—郑州：河南科学技术出版社，2014.8

（绿色农业原色图谱丛书·动物疾病诊治系列）

ISBN978-7-5349-7087-0

Ⅰ.①羊… Ⅱ.①王…②辛… Ⅲ.①羊病－兽医学 Ⅳ.①S858.26

中国版本图书馆CIP数据核字（2014）第153993号

出版发行：河南科学技术出版社
　　　　　地址：郑州市经五路66号　邮编：450002
　　　　　电话：（0371）65737028　65788613
　　　　　网址：www.hnstp.cn
策划编辑：杨秀芳　申卫娟
责任编辑：张　鹏
责任校对：李振方
封面设计：张　伟
版式设计：崔彦慧
责任印制：张　巍
印　　刷：河南省瑞光印务股份有限公司
经　　销：全国新华书店
幅面尺寸：190 mm×210 mm　印张：11　字数：230千字
版　　次：2014年8月第1版　2014年8月第1次印刷
定　　价：35.00元

如发现印、装质量问题，影响阅读，请与出版社联系并调换。

《羊病诊治原色图谱》
编写人员名单

主　　编　王林枫　辛国省

副 主 编（按拼音排序）

　　　　　高红磊　韩增峰　焦进峰　李晓香

　　　　　杨改青　郑　杰　朱河水

编写人员（按拼音排序）

　　　　　郭　磊　乔春杰　王光华　王松山

　　　　　于秋丽　赵留福

前　言

近年来，我国养羊业正在从传统放牧为主的粗放式经营向集约化、规模化、标准化方向过渡。集约化养羊业发展迅速，已成为许多地方经济发展的支柱和优势、特色产业，对促进地方经济发展和农民增收起到重要作用。然而，养羊业生产方式的变革也带来了新的挑战。由于运动减少和饲料的相对单一造成的羊只体质减弱、抵抗力降低和疾病增多是集约化养羊业面临的突出问题，也已成为阻碍集约化养羊业健康发展的主要因素之一。羊病的发生和流行可危害羊的健康，降低饲料报酬，甚至引起大量死亡，给养羊业造成极大的经济损失。与传统放牧饲养相比，集约化羊场羊病发生的种类及其危害程度也发生相应的改变，因此，需要采用新的防治理论和技术加以应对。为适应集约化养羊业中疾病防控的新需要，我们根据现有国家和农业部颁布标准，参考了国内外大量文献，并结合自己的科研和生产经验，编著了本书，期望抛砖引玉，为促进我国集约化养羊业安全生产略尽绵薄之力。

本书共分九章，包括羊的传染病、寄生虫病、内科疾病、中毒性疾病、营养代谢病、外科疾病、产科病及羔羊疾病，还介绍了羊病诊断与治疗技术、脱水及水中毒鉴别、抗菌药物的临床选择、常用消毒药物的配制及用途、羊各种常用生理正常值、常用驱虫剂传染病免疫程序等。为了方便广大读者阅读理解，本书插入了大量典型病例图片，并力求内容新颖、文字简洁。本书适合农区集约化肉羊场、专业户、畜牧兽医工作者及农业院校师生等不同层次读者阅读和参考。全书由王林枫、辛国省主编，负责全书的组织、内容安排、统稿、审稿工作，河南农业大学的朱河水、杨改青，安阳市动物疫病预防控制中心的李晓香，周口市畜牧局的焦进峰、郑杰等也参与了本书的编写，并为羊病的防治提供了许多有价值的经验。此外，在编写过程中，我们参阅了大量的相关期刊论文。由于篇数众多，难以全部注释，在此对原作者一并致谢！

本书得到河南省封丘县应举循环农业有限公司的大力支持和帮助，河南农业大学陈其新博士也为本书的编写提供了许多珍贵资料，在此专致谢意。

由于我国集约化养羊业刚刚起步，相关疾病的发生、发展及其防治的理论和技术体系尚未完全成熟，集约化养羊业疾病防控标准还未健全，加上作者水平有限，错漏和不足之处，恳请广大读者批评指正。

编者

2014年2月

目　录

2

3

第一章 羊病防控

一、羊病概述

近年来我国养羊产业发展迅速，在一些地区成为地方经济快速发展的支柱产业和特色产业，对促进地方经济发展和农民增收起到重要作用。然而在整个养殖过程中，疫病始终是阻碍养羊产业快速发展的最主要因素，羊病的发生和流行可危害羊的健康，降低饲料报酬，甚至引起死亡，给羊养殖业造成极为严重的经济损失，同样也阻碍了整个产业的健康发展。疾病防控不当是造成羊病发生与流行的直接原因。因此，做好羊病的防控工作对预防羊病发生与流行具有重要意义。

（一）羊病分类

在羊养殖过程中，羊可能发生的疾病有很多种，根据疾病的性质，这些疾病在临床上主要分为传染病、寄生虫病、内科病、中毒病、营养代谢病、外科病、产科病等。

1. 传染病

传染病是由特异性病原微生物（如细菌、病毒、支原体、衣原体、立克次体等）侵入动物机体，病原微生物在动物机体内产生大量的生物毒素或致病因子，破坏或损坏羊的机体所引起的具有特征性状的疾病。其基本特征如下：

（1）病原体：每种传染病都有其特异的病原体，包括病毒、立克次体、细菌、真菌、螺旋体、原虫等。

（2）传染性：病原体从宿主排出体外，通过一定方式，到达新的易感染者体内，呈现出一定传染性，其传染强度与病原体种类、数量、毒力、易感者的免疫状态等有关。

（3）流行性、地方性和季节性。

1）流行性：按传染病流行过程的病原体强度和广度分为散发、流行和暴发。

2）地方性：是指某些传染病或寄生虫病，其中间宿主，受地理条件、气温条件变化的影响，常局限于一定的地理范围内发生。如虫媒传染病、自然疫源性疾病。

3）季节性：指传染病的发病率，在年度内有季节性升高。此病与温度、湿度的改变有关。

（4）免疫性：患病羊只对病原体均可产生特异性的免疫应答，表现为血清中特异性抗体滴度的升高；病愈羊只大多能获得特异性免疫保护，在一定时期内或终生不再感染该种传染病。大多能通过接种疫苗或菌苗的方法来预防该病的发生和流行。某些烈性传染病传播迅速、流行广泛、病死率高、人畜共患，不仅给养羊业造成重大的经济损失，同时也危害人类健康和安全，如羊痘、口蹄疫、布鲁杆菌病、炭疽病等。

2. 寄生虫病

寄生虫病是由寄生虫（昆虫、蠕虫、原虫等）寄生于羊的体表或体内所引起的疾病。该病的危害主要表现在虫体争夺羊的营养，造成羊器官、组织的机械性损伤，虫体分泌产生的毒素和代谢产物对羊产生毒害作用，导致羊消瘦、贫血、营养不良，进而引起生产能力的下降，严重时可引起羊的死亡，造成重大经济损失。羊的寄生虫种类很多，一些寄生虫病所造成的经济损失不亚于传染病，对养羊业构成严重威胁。同时，有些寄生虫病还是人畜共患病，同样威胁人类的健康和安全，如肝片吸虫、棘球蚴病、住肉孢子虫病等。

3. 内科疾病

内科疾病是指家畜的非传染性内部器官疾病，包括消化系统、呼吸系统、心血管系统和泌尿系统等。羊内科病的发病原因与饲养、管理和内外环境因素的变化有密切关系，其中以饲料和饲养条件因素最重要。消化紊乱和异常，如羊的前胃迟缓、瘤胃积食等，都与饲料质量不良及饲养方法不当直接关联。环境气候变化及空气尘土污染常是呼吸系统疾病的诱发因素。泌尿系统疾病则多与羊的尿路感染及有毒物质中毒有关，如羊的膀胱炎、尿道感染、尿结石等。在我国，羊内科疾病以消化系统的发病率最高。

4. 中毒病

随着我国牧业生产向集约化和产业化发展，动物中毒病已成为危害动物健康的主要疾病之一，给养羊业造成的经济损失最大，并且直接影响到动物源性食品质量和安全。近年来，由于工业和农药污染程度日益加剧，饲料添加剂的滥用，导致自然环境和生态平衡的破坏、家畜中毒发病率增高及畜群体内普遍存留残毒。

5. 营养代谢病

营养代谢病是代谢障碍病和营养缺乏病的总称。代谢疾病多数与生产管理有关，特别是对妊娠母羊的危害较大，常见有低血钙、低血镁症、低血糖症、羊妊娠毒血症等。营养缺乏病主要指日粮中碳水化合物、蛋白质、脂肪、维生素、矿物质等缺乏或比例失调引起的疾病。生产中的代谢病和营养缺乏病关系密切，它们之间没有明显的差异，一般认为，营养缺乏是长期饮食习惯引起的，只有通过补充日粮才能改善；代谢病往往是急性状态，动物对补充所需要的营养物质反应明显。由集约化饲养管理和工厂化生产程序带来的亚临床营养代谢疾病发病率增高。这些疾病在临床上见不到明显症状，但能严重影响家畜的正常生长发育和生殖能力，降低畜产品的数量和质量，同时增加饲料的消耗量，使畜牧生产招致的经济损失远远超过临床病例。

6. 外科疾病

外科疾病不仅仅限于动物体表的疾病和外伤，而且还包括一般以需要手术为主要疗法的体内疾病。按病因分类：

损伤：骨折、内脏破裂、烧伤；感染：脓肿、风湿、疥螨；眼病：结膜炎、角膜炎、眼睑腺增生(樱桃眼)；肿瘤；畸形：唇裂、腭裂、肛管直肠闭锁；其他性质的疾病：肠梗阻、尿路梗阻、结石、甲状腺功能亢进。

7. 产科疾病

羊产科疾病主要是指发生在妊娠、分娩或产后时期的生殖系统疾病，还包括公母羊的不孕不育症、新生羔羊性疾病。一些情况下，母羊流产、子宫内膜炎、生产瘫痪等产科疾病也是造成母羊淘汰，甚至死亡的重要疾病，使养羊业蒙受重大损失。此外，产科疾病的发生与其他疾病的发生也有着紧密联系，如布鲁杆菌病也是造成公母羊不育、母羊流产的重要因素。

（二）羊易发的疾病

（1）羊易发的传染病：有口蹄疫、绵羊痘、山羊痘、蓝舌病、山羊病毒性关节炎、脑炎、痒病、赤羽病（北方特有）、绵羊肺腺瘤病（北方特有）、羊传染性脓疱（口疮）；羊快疫与羊猝狙（北方特有）、羊黑疫（南方特有）、羊肠毒血症、羔羊痢疾（北方特有）、炭疽病、破伤风、坏死杆菌病、土拉杆菌病、放线菌病、李氏杆菌病、羔羊大肠杆菌病、绵羊巴氏杆菌病、肉毒梭菌中毒症、布鲁杆菌病、沙门杆菌病、弯曲杆菌病、败血性链球菌病、传染性结膜角膜炎、钩端螺旋体病、无浆体病（附红细胞体病）、衣原体病、支原体性肺炎（北方特有）、真菌性肺炎。

（2）羊易发的寄生虫病：有片形吸虫病、歧腔吸虫病、阔盘吸虫病、前后盘吸虫病、脑多头蚴病、棘球蚴病、细颈囊尾蚴病、囊尾蚴病、绦虫病、消化道线虫病、肺线虫病、脑脊髓丝虫病、疥螨病与痒螨病、蠕形螨病、鼻蝇蛆病、梨形虫病、弓形虫病、球虫病。

（3）羊易发的内科病：有口炎、食管阻塞、前胃弛缓、瘤胃积食、急性瘤胃鼓胀、瓣胃阻塞、创伤性网胃腹膜炎及心包炎、皱胃阻塞、肠扭转、胃肠炎、支气管炎、羊吸入性肺炎、心力衰竭、贫血、尿石症、脑膜脑炎、日射病及热射病、湿疹等。

（4）羊易发的中毒病：有硝酸盐和亚硝酸盐中毒、氢氰酸中毒、食盐中毒、棉籽饼粕中毒、黄曲霉毒素中毒、黑斑病甘薯毒素中毒、瘤胃酸中毒、疯草中毒、有机磷农药中毒、慢性无机氟化物中毒。

（5）羊易发的营养代谢病：有维生素A缺乏症、维生素B_1缺乏症、硒和维生素E缺乏症、骨营养不良、低血钙、低镁血症、锌缺乏症、钴缺乏症、绵羊酮尿病、佝偻病、绵羊脱毛症、绵羊妊娠毒血症、羔羊低血糖症等。

（6）羊易发的外科疾病：有创伤、挫伤、休克、血肿、淋巴外渗、脓肿、蜂窝织炎、结膜炎、角膜炎、脐疝、腹股沟阴囊疝、外伤性腹壁疝、子宫疝、直肠脱、骨折、关节扭伤、关节创伤、肉芽创、腐蹄病、风湿病等外科病。

（7）羊易发的产科疾病：有流产、难产、阴道脱出、早期胚胎死亡、围产期胎儿死亡、截瘫；胎衣不下、子宫内翻及脱出、生产瘫痪、乳房炎、子宫炎、泌乳不足及无乳；母羊不孕症、精液品质不良；新生羔羊窒息、新生羔羊孱弱、胎粪滞留、新生羔羊先天性肛门及直肠闭锁等。

二、羊病防控

羊病的防治，必须坚持"预防为主"的方针，认真贯彻《中华人民共和国动物防疫法》和国务院颁发的《家畜家禽防疫条例》的有关规定，加强饲养管理，搞好环境卫生，做好防疫检疫工作，定期消毒和驱虫，预防中毒，将饲养管理工作和防疫工作紧密结合起来，以达到疾病预防的目的。

1. 加强饲养管理，预防羊病发生

加强饲养管理是日常预防措施中最重要的一环，许多疾病的发生都源于饲养管理的不当。饲养管理的好坏，会直接影响羊机体的抗病能力。加强饲养管理的关键措施有：

（1）坚持自繁自养：自繁自养的目的在于防止引进种羊而把病带入。羊场或养羊户可在自己的羊群中选择健康的良种公羊和母羊，自行繁殖，以提高羊的品质和生产性能。若确需引种时，为安全起见，只能从非疫区的健康羊场引种，且应签订检疫合格证书。若要引进特定种公羊，则最好引进冷冻精液。

（2）合理组织放牧：羊是草食动物，放牧是羊群获取其营养需要的重要方式。应该根据农、牧区草场状况，并按羊只的品种、年龄、性别等差异，分别进行编群放牧，有条件的地方可推行划区轮牧制度。

（3）合理实行补饲：一年四季饲草种类有异，尤其在冬季，牧草枯萎，营养价值下降，放牧采食时间相对不足，这时需要进行补饲，特别对那些幼龄羊及怀孕和泌乳期的羊，补饲更显重要。对种公羊，在配种期间应采取舍饲方式，按饲养标准饲养，以保证足够的营养水平。

（4）妥善安排生产环节：养羊主要生产环节包括鉴定、剪毛、配种、产羔、育羔、羔羊断奶和分群。这些主要生产环节的时间安排应尽量缩短，以增加有效放牧时间。如果某些生产环节影响放牧，则要及时给予适当的补饲。

2．搞好环境卫生

羊场环境卫生好坏，与疫病的发生有着密切的关系。环境污秽，利于病原体滋生和疫病的传播，因此，在建造羊舍时，应选择地势高燥、向阳、水源充足、排水通畅的地方，同时搞好绿化，有利于空气净化。对于羊舍、羊圈、场地及用具应保持清洁、干燥，每天清除圈舍、场地的粪便及污物，将粪便及污物堆积发酵，30天左右可作为肥料使用。羊的饲草，应当保持清洁、干燥，不能用发霉的饲草、腐烂的粮食喂羊；饮水也要清洁，不能让羊饮用污水和冰冻水，尽量用自来水或井水，不用河塘水，以防感染寄生虫。应做好灭鼠、蚊、蝇等工作，有些地区草地鼠害严重，更要注意防鼠、灭鼠工作，以防传染病及寄生虫病的传播。

老鼠、蚊、蝇等是病原体的宿主和携带者，能传播多种传染病和寄生虫病。应当清除羊舍周围的杂物、垃圾及乱草堆等，填平死水坑，认真开展杀虫灭鼠工作。杀灭蚊、蝇可使用敌百虫、敌敌畏、倍硫磷、马拉硫磷（马拉松）等杀虫药，配成0.1%～0.2%溶液；或使用蝇毒磷，配成0.025%混悬液。每月在羊舍内外和蚊、蝇容易滋生的场所喷洒2次，但不可喷洒于饲料仓库、鱼塘等处。灭鼠的方法，除使用捕鼠夹捕杀外，常使用药物灭鼠，如敌鼠钠盐等。敌鼠钠盐对人、畜毒性低，常用于住房、羊舍、仓库灭鼠，证明比较安全。常用0.05%毒饵，即将本品用开水溶化成5%溶液，然后按0.05%浓度与谷物或其他食饵拌和均匀即可。投放毒饵须连续4～5天，因为多次少量食入比一次大量食入效果更好。敌鼠钠盐是一种抗凝血性药物，鼠食后可使其内脏、皮下等处出血而死亡。使用时应慎防发生人、畜中毒，如发生中毒，可用维生素K_1注射液解救。

3. 严格消毒制度

消毒是贯彻预防为主方针的一项重要措施。其目的是消灭传染源散播于外界环境中的病原微生物，切断传播途径，阻止疫病继续蔓延。羊场应建立切实可行的消毒制度，定期对羊舍（包括用具）、地面土壤、粪便、污水、皮毛等进行消毒。

常用的消毒药品：用化学消毒剂进行消毒时消毒液的用量以羊舍内每平方米用1升药液计算。常用的消毒药有2%～4%氢氧化钠（火碱），10%～20%石灰乳，10%漂白粉溶液，0.5%～1.0%菌毒敌，0.5%～1.0%二氯异氰脲酸钠（以此药为主要成分的商品消毒剂有强力消毒灵、灭菌净、抗毒威等），0.5%过氧乙酸，0.15%～0.2%新洁尔灭溶液，4%甲醛溶液，20%草木灰水等。

（1）设立消毒池、消毒室：羊场大门入口处要设立消毒池(池宽同大门，长为机动车辆车轮一周半)，内放2%氢氧化钠液，每周更换1次。建立消毒室，一切人员皆要在此用漫射紫外线照射5～10分钟，不准带入可能染疫的畜产品或物品。进入生产区的工作人员，必须更换场区工作服、工作鞋，通过消毒池进入自己的工作区域，严禁相互串圈。

圈舍消毒，每天打扫羊舍，保持清洁卫生，料槽、水槽刷洗干净。圈舍内可用0.3%~0.5%过氧乙酸做带畜消毒。过氧乙酸做舍内环境和物品的喷洒消毒，或加热做熏蒸消毒(用5毫升／米^3)。

（2）空羊舍的常规消毒程序：首先，彻底清扫粪尿，用清水冲洗干净；然后，再用3%氢氧化钠喷洒和刷洗墙壁、笼架、槽具、地面，消毒12小时；最后，用清水冲洗干净，待干燥后，用0.5%过氧乙酸喷洒消毒。羊舍土壤表面消毒可用含5%有效氯的漂白粉溶液、4%福尔马林或10%的氢氧化钠溶液。传染病所传染的地面土壤，则可先将地面翻一下，深度约30厘米，在翻地的同时撒上干漂白粉(用量为0.5千克／米^3)；然后以水洇湿、压平。如果放牧地区被某种病原体污染，一般利用自然因素(如阳光)来消除病原微生物，如果污染的面积不大，则应使用化学消毒药消毒。对于密闭羊舍，还应用甲醛熏蒸消毒，方法是用40%甲醛45毫升／米^{3}倒入适当的容器内，再加入高锰酸钾20克。注意：此时室温不应低于15℃，否则，要加入热水20毫升。

（3）羊圈外环境消毒：羊圈外环境及道路要定期进行消毒，填平低洼地，铲除杂草，灭鼠、灭蚊蝇等。

（4）生产区专用设备消毒：生产区专用送料车每周消毒1次，可用0.3%过氧乙酸溶液喷雾消毒。进入生产区的物品、用具、器械、药品等要通过专门消毒后才能进入羊圈。可用紫外线照射消毒。

（5）尸体处理：尸体用掩埋法处理。应选择离羊场100米之外的无人区，找土质干燥、地势高、地下水位低的地方挖坑，坑底部撒上生石灰，再放入尸体，放一层尸体撒一层生石灰，最后填土夯实。

4．实施药物预防

羊场可能发生的疫病种类很多，其中有些病目前已研制出有效的疫(菌)苗，还有不少病尚无疫(菌)苗可供利用；有病虽有疫(菌)苗但实际应用还有其他问题。因此，用药物预防疫病也是一项重要措施。通常以安全而价廉的药物加入料或饮水中，让羊群自行采食或饮用。常用的药物有磺胺药物(如磺胺嘧啶、磺胺甲基嘧啶、磺胺二甲嘧啶、磺胺脒等)、抗生素（如青霉素、链霉素、土霉素、四环素、新霉素、卡那霉素、庆大霉素、红霉素、泰乐菌素、多黏菌素B、制霉菌素等)以及抗真菌药（克霉唑等）。磺胺类药、四环素类抗生素（土霉素、四环素等），常拌入饲料或混于饮水中用。药物占饲料或饮水的比例一般是：磺胺类药，预防0.1%～0.2%，治疗量0.2%～0.5%；四环素类抗生素，预防量0.01%～0.03%，治疗量0.05%。一般连用5～7天，必要时也可酌情延长。如长期使用化学药物预防，容易产生耐药性菌株，影响药物的防治效果，因此，要经常进行药敏试验，选择有高度敏感性的药物用于防治。此外，成年羊口服土霉素等抗生素时，常会引起肠炎等中毒反应，必须注意。

抗菌增效剂是一类广谱抗菌药物，与磺胺药并用能显著增强疗效，又能与一些抗生素（如四环素、庆大霉素）起协同作用，在疫病防治上具有广阔的应用前景。目前常用的抗菌增效剂有三甲氧苄氨嘧啶（TMP）和二甲氧苄氨嘧啶（DVD，又称敌菌净），按1∶5的比例与磺胺药混合使用，可使磺胺药的抗菌效力提高数倍至数十倍。三甲氧苄氨嘧啶和磺胺药的复方制剂如复方磺胺嘧啶（SD-TMP）和复方新诺明（SMZ-TMP）等，对多种传染病有良好疗效，口服量羊每千克体重每次用20～25毫克，1天2次。二甲氧苄氨嘧啶的抗菌作用与三甲氧苄氨嘧啶相似，其价格比较低廉。毒性反应较小，口服后吸收较差，在胃肠道内保持较高抑菌浓度，故常以其复方制剂（复方敌菌净）防治羔羊肠道感染，剂量和用法与复方新诺明相同。

饲料添加剂可促进羊体生长发育，且可增强其抗感染的能力。目前广泛使用的饲料添加剂中，含有各种维生素、无机盐、氨基酸、抗氧化剂、抗生素、中草药等，且每年都在研究改进添加剂的成分和用量，以便不断提高羊的生产性能和抗病能力。

微生态制剂是根据微生态学原理，利用机体正常的有益微生物或其促进物质制成的一种活菌制剂，近10多年来国内外发展很快，广泛用于动物和植物。用于动物者称为动物微生态制剂。目前国内已有促菌生、乳康生、调痢生、健复生等10余种制剂。这类制剂的特点是，具有调整动物肠道菌群比例失调、抑制肠道内病原菌增殖、防止幼畜腹泻等功能，并有促进动物生长、提高饲料利用率等作用。本品粉剂可供拌料（用量为饲料的0.1%～2%），片剂可供口服。应避免与抗菌药物同时服用。

5. 定期驱虫

为了预防羊的寄生虫病，应在发病季节到来之前，用药物给羊群进行预防性驱虫。预防性驱虫的时机，根据寄生虫病季节动态确定。例如，某地的肺线虫病主要发生于11～12月及翌年的4～5月，那就应该在秋末冬初草枯以前（10月底或11月初）和春末夏初羊抢青以前（3～4月）各进行1次药物驱虫；也可将驱虫药小剂量地混在饲料内，在整个冬季补饲期间让羊食用。

预防性驱虫所用的药物有多种，应视病的流行情况选择应用。丙硫咪唑（丙硫苯咪唑）具有高效、低毒、广谱的优点，对羊常见的胃肠道线虫、肺线虫、肝片吸虫和绦虫均有效，可同时驱除混合感染的多种寄生虫，是较理想的驱虫药物。使用驱虫药时，要求剂量准确，并且要先做小群驱虫试验，取得经验后再进行全群驱虫。驱虫过程中发现病羊，应进行对症治疗，及时解救出现毒副作用的羊。

药浴是防治羊体外寄生虫病，特别是羊螨病的有效措施，可在剪毛后10天左右进行。药浴液可用1%敌百虫水溶液或速灭菊酯(80～200毫克/升)、溴氰菊酯（50～80毫克/升）。也可用石硫合剂，其配法为生石灰1.5千克、硫黄粉末12.5千克，用水拌成糊状，加水150升，边煮边拌，直至煮沸呈浓茶色为止，弃去下面的沉渣，上清液便是母液。在母液内加500升温水，即成药浴液。药浴可在特建的药浴池内进行，或在特设的淋浴场淋浴，也可用人工方法将羊放在大盆（缸）中逐只洗浴。

10

预防性驱虫时必须注意以下几点：一是在羊驱虫前最好禁食，夜间不放不喂，早晨空腹时进行投药。为了使驱虫成为消除寄生虫携带者和保护外界环境不受污染的行动，驱虫的全过程应在专门指定的场所进行，直到病原物质排出完毕后才能将动物放出，驱虫后排出的粪便应闷肥发酵，进行无害化处理；二是"成熟前驱虫"，主要用于某些蠕虫，是趁蠕虫尚未成熟排卵之前进行驱虫，其目的是将虫体消灭在成熟排卵之前，防止虫卵或幼虫对外界环境的污染，阻断宿主病程发展，有利于保护羊的健康。

6. 严格执行检疫制度

检疫是应用各种诊断方法（临床的、实验室的），对羊及其产品进行疫病(主要是传染病和寄生虫病）检查，并采取相应的措施，以防疫病的发生和传播。为了做好检疫工作，必须有一定的检疫手续，以便在羊及其产品流通的各个环节中，做到层层检疫，环环扣紧，互相制约，从而杜绝疫病的传播蔓延。羊从生产到出售，要经过出入场检疫、收购检疫、运输检疫和屠宰检疫，涉及外贸时，还要进行进出口检疫。出入场检疫是所有检疫中最基本、最重要的检疫，只有经过检疫而未发现疫病时，方可让羊及其产品进场或出场。羊场或养羊专业户引进羊时，只能从非疫区购入，经当地动物检疫部门检疫，并签发检疫合格证明书；运抵目的地后，再经本场或专业户所在地动物检疫部门验证、检疫并隔离观察1个月以上，确认健康者，经驱虫、消毒，没有注射过疫(菌)苗的还要补注疫(菌)苗，方可与原有羊混群饲养。羊场采用的饲料和用具，也要从安全地区购入，以防疫病传入。

7. 预防毒物中毒

某种物质进入机体，在组织与器官内发生化学作用，引起机体功能性或器质性的病理变化，甚至造成死亡，此种物质称为毒物；由毒物引起的疾病称为中毒。

（1）预防中毒的措施：

1）不在生长有毒植物的地区放牧。山区或草原地区，生长有大量的野生植物,是羊的良好天然饲料来源，但有些植物含毒。为了减少或杜绝中毒的发生，要做好有毒植物的鉴定工作，调查有毒植物的分布，不在生长有毒植物的区域内放牧，或实行轮作，铲除毒草。

2）不饲喂霉变饲料。要把饲料贮存在干燥、通风的地方；饲喂前要仔细检查，如果发霉变质，应废弃不用。

3）注意饲料的调制、搭配和贮藏。有些饲料本身含有毒物质，饲喂时必须加以调制。如棉籽饼含有游离棉籽油酚，具有毒性作用，经高温处理后可减毒，减毒后再按一定比例同其他饲料混合搭配饲喂，就不会发生中毒。有些饲料如马铃薯若贮藏不当，其中的有毒物质龙葵素会大量增加，对羊有毒害作用，所以应贮存在避光的地方，防止变青发芽；饲喂时也要同其他饲料按一定比例搭配。

4）妥善保存农药及化肥。一定要把农药和化肥放在仓库内，由专人负责保管，以免误做饲料，引起中毒。被污染的用具或容器应消除毒物后再使用。对其他有毒药品如灭鼠药等的运输、保管及使用也必须严格，以免羊接触发生中毒事故。

5）防止水源性毒物：对喷洒过农药和施用过化肥的农田排放水，不应作为饮用水；对工厂附近排出的水或池塘内的死水也不要让羊饮用。

2. 中毒病羊的急救

羊发生中毒时，要查明原因，及时进行紧急救治。救治的一般原则如下：

（1）除去毒物：有毒物质如系经口摄入，初期可用胃管洗胃，用温水反复冲洗，以排出胃内容物。在洗胃水中加入适量的活性炭，可提高洗胃效果。如中毒发生时间较长，大部分毒物已进入肠道时，应灌服泻剂。一般用盐类泻剂，如硫酸钠或硫酸镁，口服50~100克。在泻剂中加活性炭，有利于吸附毒物，效果更好。也可用清水或肥皂水反复给病羊深部灌肠。对已吸收入血液中的毒物，可从颈静脉放血，放血后随即静脉输入相应剂量的5%葡萄糖生理盐水或复方氯化钠注射液，有良好效果。大多数毒物可经肾脏排泄，所以利尿排毒有一定效果，可用利尿素0.5～2克，或醋酸钾2～5克，加适量水给羊口服。

（2）应用解毒药：在毒物性质未确定之前，可使用通用解毒药。其配方是：活性炭或木炭末2份，氧化镁1份，鞣酸1份，混合均匀，每只羊口服20～30克。该配方兼有吸附、氧化及沉淀3种作用，对于一般毒物都有解毒作用。如有毒物性质已确定，则可针对性地使用中和解毒药(如酸类中毒口服碳酸氢钠、石灰水等,碱类中毒口服食用醋等）、沉淀解毒药（如2%～4%鞣酸或浓茶，用于生物碱或重金属中毒）、氧化解毒药(如静脉注射1%亚甲蓝（美蓝），每千克体重1毫升,用于含生物碱类的毒草中毒)或特异性解毒药（如解磷定只对有机磷中毒有解毒作用，对其他毒物无效）。

（3）对症治疗：心脏衰弱时，可用强心剂；呼吸功能衰竭时，使用呼吸中枢兴奋剂；病羊不安时，使用镇静剂；为了增强肝脏解毒能力，可大量输液。

8．有计划进行免疫接种

免疫接种是激发羊体产生特异性抵抗力，使其对某种传染病从易感转化为不易感的一种手段。有组织有计划地进行接种，是预防和控制羊传染病的重要措施之一。

（1）免疫接种：在经常发生某些传染病的地区，或有某些传染病潜在的地区，或受到邻近地某些传染病经常威胁的地区，为了防患于未然，在平时有计划地给健康羊进行预防接种。预防接种前，应对被接种的羊进行详细的检查和调查了解，特别注意其健康状况、年龄大小、是否正在怀孕或泌乳，以及饲养条件的好坏等情况。成年的、体质健壮或饲养管理条件较好的羊，接种后会产生较强的免疫力；反之，年幼的、体质弱的、有慢性病或饲养管理条件不好的羊，接种后产生的抵抗力就差些，有时也可能引起较明显的接种反应。所以，对那些年幼的、体质弱的、有慢性病和怀孕后期的母羊，如果不是已经受到传染病的威胁，最好暂时不接种。对那些饲养管理条件好的羊，在进行预防接种的同时，必须创造条件改善饲养管理。紧急预防接种是在发生传染病时，为了迅速控制和扑灭疫病，而对疫病区和受威胁区尚未发病的羊只进行的应急性免疫接种。

（2）免疫程序：在防疫过程中，要考虑本地区疫病流行状况，母羊母源抗体状况，不同日龄羊发病季节，免疫间隔时间以及以往免疫效果等因素，还要根据各种疫苗的特性合理安排免疫接种。

9. 发生传染病时采取的措施

羊群发生传染病时，应立即采取一系列紧急措施，就地扑灭，以防止疫情扩大。兽医人员要立即向上级部门报告疫情；同时要立即将病羊和健康羊隔离，不让它们有任何接触，以防健康羊受到传染。

（1）隔离：隔离是扑灭传染病的有效措施之一。一旦发生传染病，在明确诊断、判明传染病性质之后，立即采取隔离措施。若病羊少，则剔出病羊，隔离到隔离舍或较偏僻的地方；若病羊多，则剔出健康羊隔离到安全羊舍饲养。经过20天以上的观察不发病，才能与健康羊合群，如有出现症状的羊，则按病羊处理。同时，对病羊进行治疗和其他处理，对疑似健康羊可进行紧急预防接种。根据该种传染病潜伏期的长短，经一定时间观察不再发病后，再经消毒后可解除隔离。

（2）封锁：在发生某些危害性大的烈性传染病时，应立即报告当地政府主管部门，划定疫区范围进行封锁，封锁应贯彻"早、快、严、小"的原则。封锁时，要做到：一是禁止易感动物进出封锁区，对必须通过封锁区的车辆和人员进行消毒；二是对病羊进行隔离、治疗或急宰，对被污染的饲料、用具、羊舍、垫草、粪便、环境等进行严格消毒，对动物尸体应深埋或销毁，未发病羊应及时进行紧急预防；三是对疫区周围威胁区其他易感动物进行紧急预防，建立免疫带。应在最后一头羊痊愈，且无新病例发生，经过全面消毒后，报原批准封锁机关解除封锁。

（3）紧急预防和治疗：发生传染病时，除进行严格检疫、隔离、封锁、消毒等处理外，对疑似病羊及假定健康羊进行紧急预防接种。预防接种可应用疫苗，也可应用抗血清。为使被免疫羊能较快产生免疫力，在接种时疫苗可适当加大剂量，接种后应加强观察，一般来讲，羊若未潜伏感染，则通过紧急预防接种能产生良好的免疫力。对能够治疗及有治愈希望的病羊，应及时进行治疗，以减少经济损失。

（4）淘汰病羊：对某些传染病，尤其是病毒性传染病，迄今无良好的治疗药物；有一些病，虽然有药物可治疗，但疗效欠理想或治疗需要很长时间，在治疗上所花费用要超过动物本身价值，或病羊对周围人、畜有严重传染威胁时，可以淘汰扑杀病羊。在一个地区，若过去从未发生过危害性大的传染病时，为防止疫病蔓延和扩散，也应果断地淘汰病羊。对病羊的淘汰，应严格在严密消毒情况下进行，以防淘汰扑杀病羊过程中由于处理、消毒不够严密，反而造成疫病扩散的后果。

第二章 羊病诊断与治疗

一、羊病常规诊断

羊一旦发病,应及时弄清发病原因,避免延误病情或盲目用药,做好早期和正确的诊断甚为重要。一般有临床诊断、实验室检查、寄生虫病检验等。

(一) 临床诊断

临床诊断是最常用的诊断方法。主要通过问诊、视诊、触诊、听诊、嗅诊和叩诊所发现的症状表现及异常变化,综合起来加以分析后做出诊断,必要时进行实验室检查,提供进一步的诊断依据。为了及时而正确地诊断疾病,在疾病诊断中应注意以下几点:一是随时掌握饲养管理的情况;二是掌握羊的异常变化;三是掌握羊发生疾病的规律;四是及时注意药物的疗效。

1. 问诊

问诊是通过询问畜主或饲养员,了解羊发病的有关情况。询问内容一般包括:发病时间,发病头数,病前和病后的异常表现,以往的病史、治疗情况、免疫接种情况,饲养管理情况以及羊的年龄、性别等。但在听取其回答时,应考虑所谈情况与当事人的利害关系(责任),分析其可靠性。

2. 视诊

视诊是观察病羊的表现。视诊时,最好先从离病羊几步远的地方观察羊的肥瘦、姿势、步态等情况;然后靠近病羊详细察看被毛、皮肤、黏膜、结膜、粪尿等情况。

（1）膘情：一般急性病，如急性鼓胀、急性炭疽等，病羊身体仍然肥壮；相反，一般慢性病，如寄生虫病等，病羊身体多为瘦弱。

（2）姿势：观察病羊一举一动是否与平时相同，如果不同，就可能是有病的表现。有些疾病表现出特殊的姿势，如破伤风表现四肢僵直，行动不灵便。

（3）步态：一般健康羊步行活泼而稳定。如果羊患病时，常表现行动不稳，或不喜行走。当羊的四肢肌肉、关节或蹄部发生疾病时，则表现为跛行。

（4）被毛和皮肤：健康羊的被毛，平整而不易脱落，富有光泽。在病理状态下，被毛粗乱蓬松，失去光泽，而且容易脱落。患螨病的羊，患部被毛可成片脱落，同时皮肤变厚变硬，出现蹭痒和擦伤。在检查皮肤时，除注意皮肤的颜色外，还要注意有无水肿、炎性肿胀、外伤以及皮肤是否温热等。

（5）黏膜：一般健康羊的眼结膜、鼻腔、口腔、阴道和肛门黏膜表面光滑呈粉红色。如口腔黏膜发红，多半是由于体温升高，身体上有发炎的地方。黏膜发红并带有红点、血丝或呈紫色，是由于严重的中毒或传染病引起的。黏膜苍白，多为贫血；呈黄色，多为黄疸；呈蓝色，多为肺脏、心脏患病。

（6）吃食、饮水：羊采食或饮水忽然增多或减少，以及喜欢舔泥土、吃草根等，也是有病的表现，可能是慢性营养不良。反刍减少、无力或停止，表示羊的前胃有病。

（7）口腔：口腔有病时，如喉头炎、口腔溃疡、舌有烂伤等，打开口腔就可以看出来。

（8）粪尿：羊的排粪也要检查，主要检查其形状、硬度、色泽及附着物等。正常时，羊粪呈小球形，没有难闻臭味。病理状态下，粪便有特殊臭味，见于各型肠炎；粪便过于干燥，多为缺水和肠弛缓；粪便过于稀薄，多为肠功能亢进；前部肠管出血粪呈黑褐色，后部出血则呈鲜红色；粪内有大量黏液，表示肠黏膜有卡他性炎症；粪便混有完整谷粒和纤维很粗，表示消化不良；混有纤维素膜时，表示为纤维素性肠炎；混有寄

17

生虫及其节片时，说明体内有寄生虫。正常羊每天排尿3～4次，排尿次数和尿量过多或过少，以及排尿痛苦、失禁，都是有病的症候。

（9）呼吸：羊正常时，每分钟呼吸12～20次。呼吸次数增多，见于热性病、呼吸系统疾病、心脏衰弱及贫血、腹压升高等；呼吸次数减少，主要见于某些中毒、代谢障碍、昏迷。另外，还要检查呼吸型、呼吸节律以及呼吸是否困难等。

3．嗅诊

诊断羊病时，嗅闻分泌物、排泄物、呼出气体及口腔气味也很重要。如肺坏疽时，鼻液带有腐败性恶臭；胃肠炎时，粪便腥臭或恶臭；消化不良时，可从呼气中闻到酸臭味。

4．触诊

触诊是用手指或手指尖感触被检查的部位，并稍加压力，以便确定被检查的各个器官组织是否正常。触诊常用如下几种方法。

（1）皮肤检查：主要检查皮肤的弹性、温度、有无肿胀和伤口等。羊的营养不好，或得过皮肤病，皮肤就没有弹性。发高热时，皮温会升高。

（2）体温检查：一般用手摸羊耳朵或把手插进羊嘴里去握住舌头，可以知道病羊是否发热。测温的准确方法，是用体温表测量。在给病羊测体温时，先把体温表的水银柱甩下去，涂上油或水以后，再慢慢插入肛门里，体温表的1/3留在肛门外面，插入后滞留的时间一般为2～5分钟。羊的体温，一般幼羊比成年羊高一些，热天比冷天高一些，运动后比运动前高一些，这都是正常的生理现象。羊的正常体温是38～40℃。如高于正常体温，则为发热，常见于传染病。

（3）脉搏检查：检查时，注意每分钟跳动次数和强弱等。检查羊脉搏的部位，是用手指摸后肢股部内侧的动脉。健康羊每分钟脉搏跳动70～80次。羊有病时，脉搏的跳动次数和强弱都和正常羊不同。

（4）体表淋巴结检查：主要检查颌下、肩前、膝上和乳房上淋巴结。当羊发生结核病、伪结核病、羊链球菌病时，体表淋巴结往往肿大，其形状、硬度、温度、敏感性及活动性等也会发生变化。

（5）人工诱咳：检查者立在羊的左侧，用右手捏压气管前3个软骨环，羊有病时，就容易引起咳嗽。羊发生肺炎、胸膜炎、结核病时，咳嗽低弱；发生喉炎及支气管炎时，则咳嗽强而有力。

5．听诊

听诊是利用听觉来判断羊体内正常的和不正常的声音。最常用的听诊部位为胸部（心、肺）和腹部（胃、肠）。听诊的方法有两种：一种是直接听诊，即将一块布铺在被检查的部位，然后把耳朵紧贴其上，直接听羊体内的声音。另一种是间接听诊，即用听诊器听诊。不论用哪种方法听诊，都应当把病羊牵到安静的地方，以免受外界杂音的干扰。

（1）心脏听诊：心脏跳动的声音，正常时可听到"嘣—冬"两个交替发出的声音。"嘣"音，为心室收缩时所产生的声音，其特点是低、钝、长、间隔时间短，叫做第一心音。"冬"音，为心室舒张时所产生的声音，其特点是高、锐、间隔时间长，叫做第二心音。第一、第二心音均增强，见于热性病的初期；第一、第二心音均减弱，见于心脏功能障碍的后期或患有渗出性胸膜炎、心包炎；第一心音增强时，常伴有明显的心搏动增强和第二心音微弱，主要见于心脏衰弱的后期，排血量减少，动脉压下降时；第二心音增强时，见于肺气肿、肺水肿、肾炎等病理过程中。如果在正常心音以外听到其他杂音，多为瓣膜疾病、创伤性心包炎、胸膜炎等。

（2）肺部听诊：肺脏在吸入和呼出空气时，由于肺脏振动而产生的声音。一般有下列5种。

1）肺泡呼吸音：健康羊吸气时，从肺部可听到"夫"的声音；呼气时，可以听到"呼"的声音，这称为肺泡呼吸音。肺泡呼吸音过强，多为支气管炎、黏膜肿胀等；过弱时，多为肺泡肿胀、肺泡气肿、渗出性胸膜炎等。

2）支气管呼吸音：空气通过喉头狭窄部所发出的声音，类似"赫"的声音，此音传到气管，称气管呼吸音，在肺前部"支气管区"听到的称支气管呼吸音。如果在肺部其他部位听到这种声音，多为肺炎的肝变期，见于羊传染性胸膜肺炎等疾病。

3）啰音：是支气管发炎时，管内积有分泌物，被呼吸的气流冲动而发出的声音。啰音可分为干啰音和湿啰音两种。干啰音甚为复杂，有咝咝声、笛声、口哨声及猫鸣声等，多见于慢性支气管炎、慢性肺气肿、肺结核等。湿啰音类似含漱音、沸腾音或水泡破裂音，多发生于肺水肿、肺充血、肺出血、慢性肺炎等。

4）捻发音：指像用手指捻毛发时所发出的声音，多发生于慢性肺炎、肺水肿等。

5）摩擦音：一般有两种，一种为胸膜摩擦音，多发生在肺脏与胸膜之间，多见于纤维素性胸膜炎、胸膜结核等。因为胸膜发炎，纤维素沉积,使胸膜变得粗糙，当呼吸时，两层胸膜互相摩擦而发出声音，这种声音像一手贴在耳上，用另一手的手指轻轻摩擦贴耳的手背所发出的声音。另一种为心包摩擦音，当发生纤维素性心包炎时，心包膜的壁层和脏层失去润滑性，因而伴随心脏的跳动两层膜互相摩擦而发生杂音。

（3）腹部听诊：主要是听取腹部胃肠运动的声音。羊健康的时候，于左肷窝可听到瘤胃蠕动音，呈逐渐增强又逐渐减弱的沙沙音，每两分钟可听到3～6次。羊患前胃弛缓或发热性疾病时，瘤胃蠕动音减弱或消失。羊的肠音，类似于流水声或漱口声，正常时较弱。在羊患肠炎初期，肠音亢进；便秘时，肠音消失。

6. 叩诊

叩诊是用手指或叩诊槌来叩打羊体表部分或体表的垫着物(如手指或垫板），借助所发声音来判断内脏的活动状态。羊叩诊方法是左手食指或中指平放在检查部位，右手中指由第二指节成直角弯曲，向左手食指或中指第二指节上敲打。叩诊的音响有：清音、浊音、半浊音、鼓音。清音，为叩诊健康羊的胸廓所发出的持续、高而清的声音。浊音，为健康状态下，叩打臀及肩部肌肉时发出的声音。在病理状态下，当羊胸腔积聚大量渗出液时，叩打胸壁出现水平浊音界。半浊音，为介于浊音和清音之间的一种声音，叩打含少量气体的组织，如肺缘，可发出这种声音；羊患支气管肺炎时，肺泡含气量减少，叩诊呈半浊音。鼓音，如叩打左侧瘤胃处，发鼓响音；若瘤胃膨胀，则鼓响音增强。

7. 大群检查

羊临床诊断时，如羊数不多，可以应用上述各种方法，直接进行个体检查。在运输、仓储等生产环节中，羊的数量较多，不可能逐一进行检查，此时应先做大群检查（初检），从大群羊中先剔出病羊和可疑病羊，然后再对其进行个体检查(复检)。运动、休息和摄食、饮水的检查，是对大群羊进行临床检查的三大环节；眼看、耳听、手摸、检温（即用体温计检查羊的体温），是对大群羊进行临床检查的主要方法。运用"看、听、摸、检"的方法，可以把大部分病羊从羊群中检查出来。

（1）运动时的检查：检查者位于羊群旁边或进入羊群内。首先，观察羊的精神外貌和姿态步样。健康羊精神活泼，步态平稳，不离群，不掉队。而病羊多精神不振，沉郁或兴奋不安，步行跟跄或做回旋运动，跛行，前肢软弱跪地或后肢麻痹，有时突然倒地发生痉挛等。发现有这些异常表现的羊时，应将其剔出做个体检查。其次，注意观察羊的天然孔及分泌物。健康羊鼻镜湿润，鼻孔、眼及嘴角干净；病羊则表现鼻镜干燥，鼻孔流出分泌物，有时鼻孔周围沾有脏土、杂物，眼角附着脓性分泌物，嘴角流出唾液。发现这样的羊，应将其剔出复检。

（2）休息时的检查：检查者位于羊群周围，保持一定距离。首先，有顺序地并尽可能地逐只观察羊的站立和躺卧姿态。健康羊吃饱后多合群卧地休息，时而进行反刍，当有人接近时常起立离去。病羊常独自呆立一侧，肌肉震颤及痉挛，或离群单卧，长时间不见其反刍，有人接近也不理睬。发现这样的羊应做进一步检查。其次，与运动时的检查同样要注意羊的天然孔、分泌物及呼吸状态等，当发现口鼻及肛门等处流出异常分泌物及排泄物，鼻镜干燥和呼吸紧迫时，也应剔出。再次，注意被毛状态，如发现被毛有脱落之处，无毛部位有痘疹或痂皮时，也要剔出做进一步检查。休息时的检查还要听羊的各种声音，如听到磨牙声、咳嗽声或喷嚏声时，也要剔出复检。

（3）摄食饮水时的检查：在放牧、喂饲或饮水时对羊的食欲及摄食饮水状态进行的观察。健康羊在放牧时多走在前头，边走边吃草，饲喂时也多抢着吃草，当饮水时或放牧中遇见水时，多迅速奔向饮水处，争先喝水。病羊吃草时，多落在后边，时吃时停，或离群站立不吃草，当全群羊吃饱后，病羊的肷部仍不臌起，饮水时或不喝或暴饮，如发现这样的羊，应予剔出。

（二）实验室检查

羊群发生疑似传染病时，应采取病料送有关实验室检验。病料的采取、保存和运送是否正确，对疾病的诊断至关重要。实验室在收到送检病料时，应立即进行检验。

1. 病料的采取

（1）剖检前检查：凡发现羊急性死亡时，必须先用显微镜检查其末梢血液抹片中有无炭疽杆菌存在。如怀疑是炭疽，则不可随意剖检，只有在确定不是炭疽时，方可进行剖检。

（2）取材时间：内脏病料的采取，须于死亡后立即进行，最好不超过6小时，否则时间过长，由于肠内侵入其他细菌，易使尸体腐败，影响病原微生物检出的准确性。

（3）器械的消毒：刀、剪、镊子、注射器、针头等应煮沸30分钟。器皿(玻璃制、陶制、珐琅制等)可用高压灭菌或干烤灭菌。软木塞、橡皮塞置于0.5%石炭酸溶液中煮沸10分钟。一种病料使用一套器械和容器，不可混用。

（4）病料采取：应根据不同的传染病，相应地采取该病常受侵害的脏器或内容物。如败血性传染病可采取心、肝、脾、肺、肾、淋巴结、胃、肠等；肠毒血症采取小肠及其内容物；有神经症状的传染病采取脑、脊髓等。如无法判定是哪种传染病，可进行全面采取。检查血清抗体时，采取血液，凝固后析出血清，将血清装入灭菌小瓶中送检。

为了避免杂菌污染，对病变的检查应待病料采取完毕后再进行。供显微镜检查用的脓、血液及黏液抹片，可按下述方法制作：先将材料置于载玻片上，再用灭菌玻棒均匀涂抹或以另一玻片一端的边缘与载玻片呈45°角推抹之；用组织块做触片时，可持小镊将组织块的游离面在载玻片上轻轻涂抹即可。做成的抹片、触片，进行包扎，载玻片上应注明号码，并另附说明。

2．病料的保存

病料采取后，如不能立即检验，或需送往有关单位检验，应当装入容器并加入适量的保存剂，使病料尽量保持新鲜状态。

（1）菌检验材料的保存：将脏器组织块保存于装有饱和氯化钠溶液或30%甘油缓冲盐水的容器中，容器加塞封固。病料如为液体，可装在封闭的毛细玻管或试管中运送。饱和氯化钠溶液的配制法是：蒸馏水100毫升、氯化钠38～39克，充分搅拌溶解后，用数层纱布过滤，高压灭菌后备用。30%甘油缓冲盐水溶液的配制法是：中性甘油30毫升、氯化钠0.5克、碱性磷酸钠1克，加蒸馏水至100毫升，混合后高压灭菌备用。

（2）病毒检验材料的保存：将脏器组织块保存于装有50%甘油缓冲盐水或鸡蛋生理盐水的容器中，容器加塞封固。50%甘油缓冲盐水溶液的配制方法是：氯化钠2.5克、酸性磷酸钠0.46克、碱性磷酸钠10.74克，溶于100毫升中性蒸馏水中，加纯中性甘油150毫升、中性蒸馏水50毫升，混合分装后，高压灭菌备用。鸡蛋生理盐水的配制法是：先将新鲜鸡蛋表面用碘酊消毒，然后打开将内容物倾入灭菌容器内，按全蛋9份加入灭菌生理盐水1份，摇匀后用灭菌纱布过滤，再加热至56%～58%，持续30分钟，第二天及第三天按上法再加热1次，即可应用。

（3）病理组织学检验材料的保存：将脏器组织块放入10%甲醛溶液或95%酒精中固定；固定液的用量应为送检病料的10倍以上。如用10%甲醛溶液固定，应在24小时后换新鲜溶液1次。严寒季节为防病料冻结，可将上述固定好的组织块取出，保存于甘油和

10%甲醛溶液等量混合液中。

3．病料的运送

装病料的容器要进行标号，详细记录，并附病料送检单。病料包装要求安全稳妥，对于危险材料、怕热或怕冻的材料要分别采取措施。一般供病原学检验的材料怕热，供病理学检验的材料怕冻。前者应放入加有冰块的保温瓶内送检，如无冰块，可在保温瓶内放入氯化铵450～500克，加水1.5升，上层放病料，这样能使保温瓶内保持0℃达24小时。包装好的病料要尽快运送，长途以空运为宜。

4．细菌学检验

（1）涂片镜检：将病料涂于清洁无油污的载玻片上，干燥后在酒精灯火焰上固定，选用单染色法(如亚甲蓝染色法)、革兰氏染色法、抗酸染色法或其他特殊染色法染色镜检，根据所观察到的细菌形态特征，做出初步诊断或确定进一步检验的步骤。

（2）分离培养：根据所怀疑传染病病原菌的特点，将病料接种于适宜的细菌培养基上，在一定温度（常为37℃）下进行培养，获得纯培养菌后，再用特殊的培养基培养，进行细菌的形态学、培养特征、生化特性、致病力和抗原特性鉴定。

（3）动物实验：用灭菌生理盐水将病料做成1:10悬液或利用分离培养获得的细菌液感染实验动物，如小白鼠、大白鼠、豚鼠、家兔等。感染方法可用皮下、肌内、腹腔、静脉或脑内注射。感染后按常规隔离饲养管理，注意观察，有时还须对某种实验动物测量体温；如有死亡，应立即进行剖检及细菌学检查。

5．病毒学检验

（1）样品处理：检验病毒的样品，要先除去其中的组织和可能污染的杂菌。其方法是以无菌手段取出病料组织，用磷酸盐缓冲液先洗涤3次，然后将组织剪碎、研细，加磷酸盐缓冲液制成1:10悬液（血液或渗出液可直接制成1:10悬液），以每分钟2 000～3 000转的转速离心15分钟，取上清液，每毫升加入青霉素和链霉素各1 000单位，置冰箱中备用。

（2）分离培养：病毒不能在无生命的细菌培养基上生长。因此，要把样品接种到鸡胚或细胞培养物上进行培养。对分离到的病毒，用电子显微镜检查、血清学试验及动物实验等方法进行理化学和生物学特性的鉴定。

（3）动物实验：用上述方法处理过的待检样品或经分离培养得到的病毒液，接种易感动物，其方法与细菌学检验中的动物实验相同。

6. 免疫学检验

在羊传染病检验中，经常采用免疫学检验法。常用的方法有凝集反应、沉淀反应、补体结合反应、中和试验、免疫扩散、荧光抗体技术、酶标记技术、单克隆抗体技术等血清学检验方法，以及用于某些传染病生前诊断的变态反应方法等。

（三）寄生虫病检查

羊寄生虫病的种类很多，但其临床症状除少数外都不够明显。因此，羊寄生虫病的生前诊断，往往须实验室检查。常用的方法有粪便检查和虫体检查。

1. 粪便检查

羊患了蠕虫病以后，其粪便中可排出蠕虫的卵、幼虫、虫体及其片段，有些原虫的卵囊、包囊也可通过粪便排出。因此，粪便检查是寄生虫病生前诊断的一个重要手段。检查时，粪便应从羊的直肠挖取，或用刚刚排出的粪便。检查粪便中虫卵常用的方法如下：

（1）直接涂片法：在洁净无油污的载玻片上滴1～2滴清水，用火柴棒蘸取少量粪便放入其中，涂匀，剔去粗渣，盖上盖玻片，置于显微镜下检查。此法快速简便，但检出率低，最好多检查几个标本。

（2）漂浮法：取羊粪10克，加少量饱和盐水，用小棒将粪球捣碎，再加10倍量的饱和盐水搅匀，以60目铜筛过滤，静置30分钟，用直径5～10毫米的铁丝圈，与液面平行接触，蘸取表面液膜，抖落于载玻片上并覆盖盖玻片，置于显微镜下检查。该法能查出多数种类的线虫卵和一些绦虫卵，但对相对密度大于饱和盐水的吸虫卵和棘头虫卵，效果不明显。

（3）沉淀法：取羊粪5～10克，放在200毫升容量的烧杯内，加入少量清水，用小棒将粪球捣碎，再加5倍量的清水调制成糊状，用60目铜筛过滤，静置15分钟，弃去上清液，保留沉渣。再加满清水，静置15分钟，弃去上清液，保留沉渣。如此反复3～4次，最后将沉渣涂于载玻片上，置显微镜下检查。此法主要用于诊断虫卵相对密度大的羊吸虫病。

2．虫体检查

（1）蠕虫虫体检查法：将羊粪数克盛于盆内，加10倍量生理盐水，搅拌均匀，静置沉淀20分钟，弃去上清液。再于沉淀物中重新加入生理盐水，搅匀，静置后弃去上清液；如此反复2～3次，最后取少量沉淀物置于黑色背景上，用放大镜寻找虫体。

（2）蠕虫幼虫检查法：取羊粪球3～10个，放在平皿内，加入适量40℃的温水，10～15分钟后取出粪球，将留下的液体放在低倍显微镜下检查。螨虫幼虫常集中于羊粪球表面，因而易于从粪球表面转移到温水中而被检查出来。

（3）螨虫检查法：在羊体患部，先去掉干硬痂皮，然后用小刀刮取一些皮屑，放在烧杯内，加适量的10%氢氧化钾溶液，微微加温，20分钟后待皮屑溶解，取沉渣镜检。

二、羊病鉴别诊断

在生产中遇到羊群发病较多或死亡较急时，往往请兽医现场诊断，但他们所提供的资料主要是临床表现。实际上，许多疾病的临床表现往往是大同小异，这就很需要有一个简明诊断表，提供初诊时快速检查之用。为此，将羊病按临床主要表现分为以下十二类（表2.1～表2.12）。

表2.1　第一类　流产

类别	疾病名称	主要症状及病变
传染病	1.布鲁杆菌病	绵羊流产达30%～40%，其中有7%～15%的死胎。流产前2～3天，精神萎靡，食欲消失，喜卧，常由阴门排出黏液或带血的黏性分泌物。山羊敏感性更高，常于妊娠后期发生流产，新感染的羊群流产率可高达50%～60%
	2.沙门杆菌病	发生于产前6周，病羊精神沉郁，食欲减退，体温40.5～41.6℃，有时腹泻。第一年损失约10%，严重者可高达40%～50%
	3.胎儿弯曲菌病	发生于产前1月到6周，发病羊可达50%～60%
	4.李氏杆菌病	有神经症状，昏迷，有时转圈子，流产发生于妊娠3个月以后，流产率达15%
	5.口蹄疫	口腔、蹄子有水疱，母羊常发生流产
	6.威尔塞斯布朗病	妊娠母羊发热流产，娩出死羔，死羔率占5%～20%
	7.地方流行性流产	绵羊流产及早产最常发生于第二胎，多为死胎。山羊流产80%发生于第一、二胎，通常只流产1次
	8.土拉杆菌病	体温高达40.5～41.0℃，母羊发生流产和死胎
	9.衣原体病	以发热、流产、产死胎和弱羔为特征。流产通常发生于妊娠的中后期。羊群中首次发生时流产率可达20%～30%，流产前数日食欲减少，精神不振。流产后常发生胎衣不下
	10.绵羊传染性阴道炎	体温增高达41.7℃，常引起流产
	11.裂谷热	体温升高，血尿、黄疸、厌食。孕羊流产有时为绵羊患病的唯一特征
	12.支原体性肺炎	除主要表现肺炎症状外，孕羊可发生流产
	13.Q热	流产损失为10%～15%，病羊发生肺炎和眼病
	14.内罗毕绵羊病	体温升高持续7～9天，母羊常发生流产
	15.边界病	有神经症状，表现抖毛。母羊最明显的症状是流产，常娩出瘦弱胎或干尸化胎

27

续表

类别	疾病名称	主要症状及病变
寄生虫病	1.弓形虫病	流产可发生于妊娠后半期任何时候，但多见于产前1月内，损失不超过10%
	2.住肉孢子虫病	发热、贫血、淋巴结肿大、腹泻，有时跛行，共济失调，后肢瘫痪。孕羊可以发生流产，部分胎儿死亡
	3.蜱传热	体温升高到40～42℃，约有30%妊娠羊流产
	4.蜱性脓毒血症	体温升高到40～41.5℃，持续9～10天，可引起母羊流产和公羊不育
普通病	1.中毒病	许多中毒都可引起流产，常常呈群发性
	2.灌药错误	发生于用药后1～2天
	3.妊娠毒血症	发生于产前1～2周
	4.维生素A缺乏	母羊发生流产、死胎、弱胎及胎衣不下
	5.安哥拉山羊流产	应激性流产发生于妊娠90～120天，胎常为活产，习惯性流产的胎儿水肿，死亡

流产羔羊的胎龄估计

为了深入了解流产原因和及早采取适宜的防治措施，有时需要知道流产的发生妊娠时期，可以按照流产羔羊的体长和体表发育情况进行估计，体表发育情况的比体长可靠。下列妊娠各月发育情况具有参考价值。

1个月：体长为1～1.4厘米。可以看到鳃裂。体壁已经合拢，各部器官均已形成。

2个月：体长5～8厘米。硬腭裂至月末已封闭。

3个月：体长15～16厘米。唇部及眉部出现细毛。

4个月：长25～27厘米。唇及眉部出现细毛。

130～140天：眼睛睁开。

145天：体长约为43厘米。

5个月：胎儿体长视品种不同而异，为30~50厘米。全身密布卷曲细毛。乳门齿及前臼齿均已出现，有乳门齿4~6个。

表2.2 第二类 死胎和羔羊死亡

类别	疾病名称	主要症状及病变
传染病	1.败血症和恶性水肿	主要发生于剪号以后。病羊体温升高。剖检见心壁，肾脏和其他器官出血，通常可看到剪号伤或脐部受感染。大腿内侧上部发黑，组织肿胀，含有血色血清和气体
	2.肠毒血症	抽搐、昏迷、髓样肾。肠子脆弱，含有乳脂样内容物
	3.黑疫	见于有肝片吸虫的地区，剖检见肝脏内有坏死组织，皮肤发黑，心包内液体增多
	4.黑腿病	本病与恶性水肿相似，但当切开肌肉时，可见肌组织有时较干
	5.破伤风	主要发生于羔羊剪号之后
	6.口疮	有并发症时可引起死亡，特征是唇部、鼻镜及小腿上有黑痂
	7.脐病	脐部发炎，可引起败血症和关节跛行
	8.羔羊痢疾	下痢带血
	9.钩端螺旋体病	产死羔，受感染的羊可达到3月龄，有血尿、黄疸、贫血，体温升高
	10.梭菌性感染	包括肠毒血症、黑疫、黑腿病、痢疾，也包括其他梭菌感染
	11.布鲁杆菌病	产死羔或弱羔，流产，弱羔常因冻而死
	12.胎儿弧菌感染	流产出死羔或将死的羔羊
	13.李氏杆菌感染	流产出死羔或将死的羔羊，有转圈症状
	14.弓形体病（Ⅱ形流产）	流产出死羔或将死的羔羊，在子叶绒毛的末端有白色针尖状的坏死灶
	15.链球菌性子宫感染	流产出死羔或将死的羔羊，体温升高，阴门有排出物
	16.坏死性肝炎	持续性拉稀。肝肿大，且有许多坏死区
寄生虫病	1.绿头苍蝇侵袭	主要发生于剪号之后或狗、狐狸、乌鸦咬喙之后
	2.球虫病	拉血粪，剖检可见肠道发炎

续表

类别	疾病名称	主要症状及病变
普通病	1.肺炎	体温升高,痛苦地咳嗽,呼吸困难,喘息
	2.饲喂紊乱	母羊患乳房炎或其他疾病,以致羔羊不能吃奶,会导致死亡
	3.关节炎	主要发生于剪号之后,有时也见于剪号之前
	4.麻痹	羔羊剪号之后,一周至二周,也可发生于断尾或去势之后,都是由于脊柱内形成脓肿
	5.酚噻嗪中毒	妊娠最后两周给母羊灌药,可导致产死羔(未足月或足月)
	6.碘缺乏和甲状腺肿	有时甲状腺肿大
	7.地方性共济失调	步态蹒跚、麻痹以至死亡
	8.分娩时受到损伤	大的健康羔羊可因分娩时受到损伤,而使肝、脾、肺破裂或发生窒息
	9.产羔过程中:冻饿、天气不好或发生急症	均可导致羔羊死亡

30

表2.3　第三类　突然死亡(先兆症状很少或者没有)

类别	疾病名称	主要症状及病变
传染病	1.羊快疫	病羊痛苦、胀气、昏迷而死亡,第四胃发炎或坏死,肾和脾变软而呈髓样,腹腔有渗出液
	2.肠毒血症	主要危害青年羊,受染羊数多,见于饲料丰富或吃多汁饲料的时期,可死于痉挛(主要为羔羊)或昏迷(主要为成年羊),肾脏肿大或呈髓样肾。小肠几乎是空的,内容是乳酪样,肠子容易破裂。心包液增多,心肌出血。体温不升高
	3.黑疫	发生于有肝片吸虫的地区,在体况良好的青年羊最为典型。在肝脏上有小面积的灰色坏死区
	4.炭疽	通常一发现即死亡或尸体膨胀,口鼻及肛门流出血液。禁止打开尸体,如果已错误地做了剖检,可发现脾肿大而柔软,在身体各部分有许多出血点,胃、肠严重发炎。大多数发生在夏季

续表

类别	疾病名称	主要症状及病变
传染病	5.公羊肿头病	肝脏明显有新近的肝形片吸虫感染。剥皮以后，可见皮肤内面呈深红色或黑色（因为充血）。病羊死前无挣扎，心包有积液，主要见于公羊。组织内有黄色液体，体温高。通常发生于抵架之后。先是眼睑肿胀，以后由头、颈下部延至胸下
	6.沙门杆菌感染	肝脏充血，肠系膜淋巴结肿大，脾脏肿大。有不同程度的胃肠炎。呈流行性。有些病羊可缠绵2～3天
	7.破伤风	主要见于羔羊，常发生在剪号或剪毛以后。特点是肌肉僵硬和牙关紧闭，接着发生强直性痉挛，常常胀气而迅速死亡
	8.急性水肿和黑腿病	感染部位的周围肿胀、发黑，最常见于剪毛、药浴、剪号以后。可能发生胀气，鼻子有泡沫。有时生殖道排出黑色而有不良气味的液体
	9.类鼻疽	很少。摇摆、侧卧、眼鼻有分泌物、肺脾有绿色脓肿，鼻黏膜有溃疡。关节有感染，转圈，迟钝而死亡
	10.羔羊痢疾	拉痢中带血，迅速死亡
	11.败血病	与不同微生物引起的恶性水肿相似。有全身性出血，特别是淋巴结和肾脏
寄生虫病	1.急性片形吸虫病	患羊贫血（结膜苍白），肝脏肿大发黑。肝内有肝片吸虫造成的出血通道，腹腔有大量血色液体
	2.严重的寄生虫感染	显著贫血，第四胃有大量捻转胃虫（长至在肥胖的情况下可因出血而死亡）。一般见于羔羊及青年羊。如果是在湿热季节，在严重感染的牧场上可因为突然严重感染而出血至死亡
普通病	1.胀气病	腹围胀大，特别是左侧更为明显。见于大量饲喂青草的情况下
	2.急性肺炎	流鼻、咳嗽、重者突然死亡，但常常是延滞数日而死
	3.低血钙症	主要发生于产羔母羊，见于吃青草情况下。大多为突然发病，跌倒、挣扎、麻痹、昏迷而死。家庭饲养（饲养不良）或者用含有草酸的植物饲喂均可促进本病的发生。有的突然死亡，有的可能延迟数日死亡。注射钙剂可以挽救

类别	疾病名称	主要症状及病变
普通病	4.草地抽搐	与低血钙症相似，但更易兴奋，对单独用钙无效，需加用镁
	5.植物中毒	吃了含氢氰酸的植物或含有硝酸钠的植物。主要症状是口流泡沫，鼓气，呼出气中带有杏仁气味，死前黏膜发红或发绀。刺激性植物可引起胃肠炎。其他杂草可引起踉跄、痉挛、疯狂和昏迷
	6.中毒	砷中毒较常见，主要见于腐蹄病的浸浴，特征是胃肠炎、下痢
	7.全身性中毒	其症状依化学性质而不同：刺激剂会引起胃肠炎，士的宁会引起抽搐等
	8.蛇咬伤	主要见于奇蹄动物，羊发生很少。特征是昏迷、死亡
	9.毒血性黄疸（急性）	皮肤及内脏器官黄染，步态踉跄，迅速消瘦，尿呈褐色或红色。尸体发黄，肝呈橘黄色，肾脏呈黑色
	10.车运输死亡	肥羊在用车运输时，常于卸下时发生死亡。特征是麻痹，后肢跨向后外方，取爬卧姿势。由于低血钙所致
	11.结石	主要见于阉羊，有时发生于种公羊，病羊由精神沉郁到死亡。剖检可发现结石
	12.鸦喙症	发生于眼窝，一般见于母羊产羔之后
	13.热射病	毛厚的羊，如果在日光暴晒之下或密闭拥挤的羊舍内，均容易发生

表2.4　第四类　延迟数日死亡

类别	疾病名称	主要症状及病变
传染病	1.恶性水肿	有些病例可延迟数日才死亡
	2.黑腿病和败血病	牛的死亡突然，在绵羊常常可延迟数日，伤口周围的皮肤和皮下组织发炎。主要发生于剪毛、药浴、剪号或其他手术之后，也可见于注射抗肠毒血症疫苗之后。特征是母羊产羔后从产道排出黑色分泌物，体温升高
	3.沙门杆菌传染	有些病例可延迟数日死亡，病羊体温升高，胃肠道充血，下痢

续表

类别	疾病名称	主要症状及病变
传染病	4.肠毒血症	慢性型，精神沉郁，下痢，食欲减少，一般均发生死亡，死后1小时左右呈髓样肾
	5.羊快疫	有些病例可延迟1~2天
	6.公羊肿头病	2天多死亡，肿胀组织内含有清朗的黄色液体，但在败血症病例则含有血色液体
	7.破伤风	大部分数日死亡，病羊痉挛、僵直、胀气、死亡
	8.口疮	发生于羔羊，病羊鼻子、面部、小腿有痂。可能继发细菌性感染，有并发病者常引起死亡
	9.肉毒中毒	有吃腐肉或其他陈旧有机物质的病史，病羊体温降低，发生弛缓性麻痹
	10.李氏杆菌病	较少见，病羊转圈、呆钝、死亡。有些病例发生流产和繁殖障碍
寄生虫病	1.寄生虫感染	大部分羊不至死亡，如果死亡可延迟一些时间，病羊贫血或下痢，剖检可发现有寄生虫
	2.绿头苍蝇侵袭	由于蝇蛆造成的严重发炎和损害，继发性的蝇蛆能够深入组织，引起严重发炎，且可引起毒血症或败血症而死亡
普通病	1.肺炎	流鼻、咳嗽、气喘，体温升高。症状因原因而异，大部分经过数日死亡，因灌药造成的肺炎（肺坏疽），症状严重而迅速死亡
	2.妊娠中毒症	体温不升高，发病慢，有时表现呆钝、瞎眼、麻痹，剖检可发现有脂肪肝，常怀双羔
	3.亚急性中毒性黄疸	特别多见于发病的后期
	4.低钙血症	也可以延长数日才死亡
	5.植物中毒	许多病例表现其特有症状，延迟数日而死
	6.四氯化碳中毒	有灌服四氯化碳史，病羊精神沉郁、昏迷而死亡
	7.龟头炎	见于阉羊，包皮鞘周围有局部炎症，病羊精神沉郁、不安，昏迷以后死亡
	8.光敏感	有吃光敏感植物史，表现瘙痒，无毛部分肿胀

表2.5　第五类　下痢

类别	疾病名称	主要症状及病变
传染病	1.肠毒血症	下痢时间很短，一般羔羊死亡很突然，成年羊病程慢可延长；剖检见髓样肾，心包积液，肠子脆弱
	2.沙门杆菌病	肠道发炎，肝脏充血，肺炎，心肌出血
	3.副结核	有断续性下痢，有时大肠黏膜增厚而皱缩
	4.败血症	心肌、肾脏和其他部位出血，下痢被认为是继发性症状
寄生虫病	1.毛圆线虫病黑痢虫病	剖检见小肠内有寄生虫
	2.球虫病	侵袭4周至6个月的小羊，肠壁上有黄色大头针样的结节，小肠有绒毛乳头瘤
普通病	1.青草饲喂	长期吃干草之后突然给予多汁饲料可以引起下痢
	2.饲养紊乱	大量饲喂饼渣或不适当的干日粮，常常发生下痢
	3.中毒	许多中毒都可发生下痢，例如砷、磷等毒物，某些植物性毒物
	4.矿物质不足和不平衡	铜不足、钴不足和其他矿物质不平衡均可发生下痢，它们的特征都是贫血和步态蹒跚
	5.羔羊发育不良	主要表现为消瘦、流鼻液和有不同的消耗性继发症

表2.6　第六类　流鼻液和（或）咳嗽

类别	疾病名称	主要症状及病变
传染病	1.放线菌感染	放线杆菌病和放线枝菌病都可以产生鼻腔病灶，有时发生流鼻现象
	2.类鼻疽	鼻黏膜溃烂；肺炎，不同器官发生脓肿
寄生虫病	1.肺寄生虫	死后剖检可发现肺丝虫
	2.鼻蝇蚴病	鼻腔内有鼻蝇幼虫，且有地区性病史
普通病	1.肺炎	肺炎有14种类型，其共同特点是咳嗽、体温高、精神沉郁、食欲废绝，且有羊群病史
	2.灌药错误造成的	灌药技术不良可造成化脓性肺炎以及咽、喉和头部的损伤
	3.植物损伤	Verbescina encelioides及其他植物能够引起肺炎和流鼻液
	4.羊栏内灰尘太大	可引起鼻阻塞
	5.营养不良	羔羊或幼羊的流鼻液为营养不良的症状之一
	6.鼻子半塞	容易见到，常成群发生，主要是流鼻液，没有全身症状

表2.7　第七类　惊厥

类别	疾病名称	主要症状及病变
传染病	1.肠毒血症	羔羊在死亡以前发生惊厥，死后肠子脆薄，有髓样肾变化，心包积液
	2.破伤风	步态蹒跚，痉挛、全身僵直，头向后仰，腿直伸，蹄向外，发生于剪号、去势、剪毛之后
普通病	3.土的宁中毒	痉挛以至死亡
	4.嫩草强直	共济失调、麻痹，注射镁制剂及矿物质有效
	5.植物蹒跚	不少植物能够引起步态蹒跚和惊厥
	6.转圈病	转圈、神经紊乱，最后惊厥和昏迷
	7.乳热病	有时步态蹒跚，出现惊厥现象
	8.酮血病	可与乳热病或牧草强直相混淆，但酮试验为阳性
	9.发生中毒	有机磷化合物BHC（六六六）、DDT及其他不少药品中毒，都能够影响神经系统

表2.8　第八类　黄疸

类别	疾病名称	主要症状及病变
传染病	1.钩端螺旋体病	流产、产出死羔、血尿、黄疸
	2.黄大头病	除了发黄以外，饲喂过致病的植物，显出敏感和皮肤发黄
	3.毒血症黄疸	皮肤和黏膜发黄，尿色黄，突然死亡或渐进性消瘦；肾脏发紫
	4.铜中毒	补铜过量，由于吃了含铜多的植物而使肝脏受损；用硫酸铜做蹄浴；为了消灭螺、绦虫而用大量硫酸铜
普通病	5.光敏感	除了黄疸口外，有皮肤脱落和坏死
	6.面部湿疹	放牧在草场上，面部和乳房有湿疹
	7.肝炎	有造成肝功受损的肝中毒等
	8.亚硝酸盐中毒	血液、皮肤及黏膜均带褐色

表2.9 第九类 头部肿胀

类别	疾病名称	主要症状及病变
传染病	1.公羊肿头病	通常发生于抵架或受伤以后,伤口局部含有黄色或血液渗出液,衰竭,突然死亡
	2.放线杆菌病及放线枝菌病	头面部有多数肿块,或下颌、面部的骨头肿大
	3.黑腿病、恶性水肿及其他局部败血性感染	均可产生炎性肿胀
	4.干酪样淋巴结炎	颌下或耳朵附近的淋巴结肿大
	5.口疮	鼻镜和面部有黄色到黑色结痂;主要感染羔羊
寄生虫病	1.蝇子侵袭症	蜂窝织炎被蝇蛆侵袭引起肿胀,其特征是体温升高、衰竭、羊毛被分泌物浸湿
	2.水肿性肿胀	发生于颌下,形成所谓"水葫芦",一般是由于严重的寄生虫感染所引起,有时是因为营养不良引起的虚弱
普通病	1.大头病	头部皮肤及黏膜黄染,头部组织有水肿性肿胀,通常与光过敏的其他症状并发
	2.光过敏	耳部及鼻镜的皮肤发红,接着发生水肿,有炎性渗出物,甚至组织脱离。羊只找寻阴凉处,在对酚噻嗪光过敏的情况下会发生角膜炎
	3.灌药性损伤	由于用自动注射器或将药枪粗鲁地灌药所引起,特别是用硫酸铜、砷制剂或烟碱的情况下,因为有黄色炎性渗出液而发生大面积的肿胀,可以看到口腔的创伤
	4.鸦喙症	鸦喙之后,可引起眼窝的败血性感染
	5.肿瘤	可发生于头部或身体的任何部分,最常见于耳朵上
	6.草籽脓肿	为含有脓汁的肿胀,切开时可以看到排出物中含有草籽
	7.变态反应	由于植物、食物或昆虫刺蜇引起的斑块状肿胀或生面团样肿胀

表2.10　第十类　身体其他部位肿胀

类别	疾病名称	主要症状及病变
传染病	1.干酪样淋巴结炎	受害的淋巴结肿大；切开胀大的淋巴结，其中含有典型的绿黄色豆渣样脓块
	2.局部感染	可发生肿胀
普通病	1.恶性肿瘤	可发生于身体的任何部位
	2.脓肿	由于草籽或其他原因所引起，肿胀处含有脓
	3.腹肌破裂	肿胀位于腹部下面或后腿前方，若使羊仰卧并用手按压，肿胀即消失
	4.腹部胀气和扩张	特别表现在腹部左侧

表2.11　第十一类　跛行

类别	疾病名称	主要症状及病变
传染病	1.腐蹄病	蹄壳下方有灰色坏死组织块，以后蹄壳脱落，在羊群中有流行
	2.关节炎（化脓性和非化脓性）	主要发生于羔羊剪号之后，有时见于断尾之后。也曾见于剪毛的药浴之后的成年羊
	3.口疮	小腿和蹄子上有黑痂
	4.类鼻疽	很少见，特征是步态蹒跚，眼鼻有分泌物，关节肿胀，有时发生关节炎而引起跛行
寄生虫病	1.类圆线虫	小腿和膝关节的皮肤发炎和肿胀，表现提步或跛行
	2.恙螨病、毛虱子虫病	蹄冠周围发红，局部有咬伤。有时溃疡和跛行
	3.蝇子侵袭症	腿上腐烂常会引起跛行
普通病	1.蹄脓肿	仅一肢发生急性跛行，趾间有黄绿色脓汁，甚至可涉及深层组织，向上可以高达膝部
	2.蹄叶炎	有吃大量新谷粒史或有严重热性病史，病羊急性跛行，大多数严重病例蹄壳脱落
	3.草籽脓肿	引起步态僵硬或跛行
	4.药浴后的跛行	用不含杀菌药的液体药浴以后，容易见到跛行
	5.三叶草烧伤	由于蹄壳太长，污秽的腐败物质超过趾关节以上
	6.跌伤、损伤及骨折	均能引起跛行

表2.12　第十二类　皮肤发黑

类别	疾病名称	主要症状及病变
传染病	1.黑疫	发生于肝片吸虫地区，突然死亡，皮肤发黑（有青灰色区域），心包积液
	2.肠毒血症	主要危害优秀的羔羊，有时可见腹部和腿内侧的皮肤发黑，肠子空虚，肠壁脆弱，心包积液
	3.恶性水肿和黑腿病	突然死亡，受感染的局部发黑
	4.乳房炎	病程较长时，可见乳房发黑，并延伸到腹部
普通病	撞伤或跌伤	撞跌部位发黑

三、羊病治疗

（一）羊病治疗技术

1．口服给药

口服给药是最常用的治疗方法，一般有下列几种方法。

（1）自行采食法：多用于大群羊的预防性治疗或驱虫。将药按一定比例拌入饲料或饮水中，任羊自行采食或饮用。

（2）长颈瓶给药法：适用于稀的药液。将药液倒入长颈瓶中，抬高羊的嘴巴，给药者右手持药瓶，左手用食、中指自羊右口角伸入口中，轻轻压迫舌头，待羊张开口后，右手将药瓶从左口角伸入羊口中，并将左手抽出，待瓶口伸到舌头中段后，即抬高瓶底，将药液灌入。

（3）药板给药法：适用于舔服剂。给药时，用竹制或木制板，表面应光滑，药板长约30厘米、宽约3厘米、厚约3毫米。给药者站在羊的右侧，左手将开口器放入羊口中，右手持药板，用药板前部抹取药物，从右口角伸入口内到达舌根部，将药板翻转，轻轻按压，并向后抽出，把药抹在舌根部，让羊自行下咽。

2．注射给药

注射给药是临床治疗中常用的方法。注射部位需剪毛，局部消毒，通常先用5％碘酊涂擦，再用70％酒精棉球脱碘，同时还得检查注射药物有无变质、失效，两种以上药物同时应用时有无配伍禁忌等。然后注射者将手指及药瓶表面或铝盖表面用药棉消毒，打开药瓶后，将针头插入药瓶抽取药液，排除针管内空气后即可施行注射。兽医在临床工作中可根据治疗需要和药剂性能分别采用皮下注射法、肌内注射法、静脉注射法及乳腺内注射法等。

（1）皮下注射法：对于易溶解、无刺激性的药物或希望药物较快吸收、尽快产生药效时，均可用皮下注射法。注射部位多选择皮下组织丰富、皮肤易于移动的部位，一般都选择颈部皮下作为注射部位。注射时将皮肤提起，将针头与羊体呈30°的角度斜向内下方刺入2～3厘米注入药物，药液注入后拔出针头并用酒精棉球按压针孔片刻即可。

（2）肌内注射法：这是临床治疗中最常用的给药方法。肌肉内血管较丰富，感觉神经较少，药液吸收较快，疼痛较轻，常用于有刺激性的药物或较难吸收的药物注射。注射部位多选择肌肉丰满的颈侧和臀部。注射时先将针头垂直刺入肌肉内1.5～2厘米（视羊体大小和肌肉丰满程度而定），然后接上注射器，抽提注射器活塞不见回血即可注入药液。注射前后局部均涂以碘酊或酒精予以消毒，以防感染。

（3）静脉注射法：对刺激性较大的注射液，注射量较大或必须使药液迅速见效时，多采取静脉注射法，如氯化钙、补液、输血等。静脉注射给药时，对注射器具的消毒更为严格，对药物的要求要绝对纯净，如见有沉淀或絮状物，则绝对停止使用。注射部位多在颈侧的上1/3与中1/3交界处的颈静脉沟的颈静脉。

注射前先将注射器或输液管中的空气排尽。注射时，以左手按压注射部位的下部，使颈静脉怒张，右手持针与静脉管呈45°角刺入，见回血后将针头沿血管向内深插，固定好针头，接上注射器或输液管即可缓慢注入药液。注射完毕，用药棉压住针孔，迅速拔出针头，并按压针孔片刻，以防出血，最后涂以碘酊。

（4）乳腺内注射法：治疗乳房炎时常用此法。注射部位位于乳头的排乳孔内。注射时多用通乳针，或将大号长针头剪去尖端部分再将其磨成钝圆，以免损伤乳腺管。然后将消毒好的通乳针或钝圆的针头通过乳头孔插入乳池。注射前，需将乳房洗净擦干，并将乳池内的奶汁完全挤出，然后缓慢注入药液，注入完毕拔出通乳针，轻轻捏住乳头孔，并按摩乳房。数个乳室需要同时注射药液时，先注射健康乳室，后注射病乳室。

3．灌肠法

一般用于排除或软化粪便，也可用于注入营养物质，以增强抵抗力，或经肠给药用于治疗腹泻及动物麻醉等。灌肠配有专用灌肠器和胶管，羊可用小橡皮管灌肠。先将直肠内的粪便清除，然后在橡皮管前端涂上凡士林，操作时，一人将胶管插入直肠并用手固定胶管，助手掌握灌肠器，使之抬高，让液体流入直肠。若羊出现努责，则捏紧肛门，尽量将液体全部灌入，使之保留15～20分钟。灌肠的药液应与体温一致。

4．瘤胃穿刺术

当羊发生急性瘤胃鼓气时可用此法。穿刺部位是在左肷窝中央鼓气最高的部位。方法：局部剪毛，碘酊涂擦消毒，将皮肤稍向上移，然后将套管针或普通16号针头垂直地或朝右侧肘头方向刺入皮肤及瘤胃壁，气体即从针头排出，然后用左手捏紧皮肤，右手迅速拔出套管针或针头，穿刺孔用碘酊涂擦消毒。必要时可从套管针孔注入止酵剂。

5．胃管法

羊插入胃管的方法有两种：一是经鼻腔插入，二是经口腔插入。

（1）经鼻腔插入：先将胃管插入鼻孔，沿下鼻道慢慢送入，到达咽部时，有阻挡感觉，待羊进行吞咽动作时趁机送入食道，如不吞咽，可轻轻来回抽动胃管，诱发吞咽。

胃管通过咽部后，如进入食道，继续深送感到稍有阻力，这时要向胃管内用力吹气，或用橡皮球打气，如见左侧颈沟有起伏，表示胃管已进入食道。如胃管误入气管，多数羊会表现不安、咳嗽等，需重新插入胃管。如胃管已进入食道，继续深送，即可到达胃内，此时从胃管内排出酸臭气体，将胃管放低时则流出胃内容物。

（2）经口腔插入：先装好木质开口器，用绳固定在羊头部，将胃管通过木质开口器的中间孔，沿上腭直插入咽部，借吞咽动作胃管可顺利进入食道，继续深送，胃管即可到达胃内。胃管正确插入后，即可接上漏斗灌药。药液灌完后，再灌少量清水，然后去掉漏斗，用嘴吹气，或用橡皮球打气，使胃管内残留的液体完全入胃；然后用拇指堵住胃管管口，或折叠胃管，慢慢抽出。该法适用于灌服大量水剂及有刺激性的药液。患咽炎、咽喉炎和咳嗽严重的病羊，不可用胃管灌药。

6. 药浴法

药浴法用于预防和治疗羊的体外寄生虫病，如蜱、疥螨、羊虱等。常需在这些体外寄生虫活动的季节或夏末秋初时进行药浴，如果某些病羊需要在冬季进行药浴，必须注意保暖。药浴的方式可分为池浴和盆浴2种，药浴池深约1.2米，池底内部净宽25～30厘米，上部净宽50～60厘米，池边高出地面20～30厘米，池的主要部分长12米，入口处为一个短陡坡，羊只由此滑入池中，缓慢通过浴池，出口处为一个倾斜的缓坡，羊只可自行走出。池浴主要用于具有一定规模的养殖场，盆浴主要用于养殖规模较小的专业户。

（1）常用的药浴液：溴氰菊酯、螨净、舒利宝等，药液使用的水按说明书进行配制，药液的深度一般为60～70厘米（以能浸没羊的全身为度），通过加热使药浴液的温度保持在20～30℃。

（2）药浴注意事项：药浴时应选在晴朗、温暖、无风的天气，于日出后的上午进行，以便药浴后羊毛很快干燥。羊在药浴前8小时停止饲喂，入浴前2～3小时饮足水，防止羊因口渴而误饮药液造成中毒。较大规模的羊场药浴前，应选择品质较差的3～5头羊进行试浴，如安全可按计划组织药浴。先浴健康羊，后浴病羊，妊娠2个月以上的母羊或有外伤的羊暂时不浴。药液在浸满全身的过程中，对头部揿入药液1～2次。一般药浴时间3～5分钟。药浴后的羊在阴凉处休息1～2小时即可放牧；如遇风雨天气，应及早赶回羊舍，以防感冒。药浴结束后2小时母子合群，防止羔羊吸奶时发生中毒。药浴选在剪毛后1～10天进行较好。对患有疥螨病的羊，第1次药浴后间隔7～14天应再药浴1次。药浴人员要注意安全，药浴液要妥善处理。

（二）羊用药

在治疗羊病时，合理用药，可促使疾病早期痊愈，否则会拖延病程，浪费药品，甚或导致死亡。用药中存在问题较多，现提出几个常见的问题，以引起重视。

1.羊用药剂量比例

羊不同年龄用药量比例见表2.13。羊不同用药途径用药量比例见表2.14。

表2.13　羊不同年龄用药量比例

年龄	比例	年龄	比例
2岁以上	1/1	3～6个月	1/8
1～2岁	1/2	1～3个月	1/16
6～12个月	1/4		

表2.14　羊不同用药途径与用药量比例

用药方法	剂量比例	用药方法	剂量比例
内服	1/1	肌内注射	1/3～1/2
灌肠	1/2	静脉注射	1/4～1/3
皮下注射	1/3～1/2	气管内注射	1/4

2.输液问题

在羊病治疗中，常常涉及补液问题。在某一具体疾病中，究竟怎样确定补液量，这是兽医人员经常接触到的问题。补液合理，可使病羊迅速恢复健康；补液若不合理，往往往会加速死亡或发生医疗事故。据平时所见，兽医人员给病羊输液时，少则500毫升，多则5 000毫升。无根据的随意补液，会造成人力、物力浪费，应该引起足够的注意。

（1）体液：机体内存在的液体称为体液。体液约占成年羊体重的70%，其中细胞内液占体重的45%，细胞外液（包括血浆，胸、腹腔液，细胞间液等）占体重的25%。体液中含有阳离子和阴离子，细胞外液中阳离子以Na^+和Mg^{2+}占绝大多数，阴离子以Cl^-和HCO_3^-为主要成分；细胞内液中阳离子以K^+和Mg^{2+}占绝大部分，阴离子以HPO_4和蛋白质为主。

体液中这些电解质的主要功能有：一是维持渗透压与水平衡；二是维持神经肌肉的兴奋性。液体或任何离子的丢失，都会引起羊只的异常而产生一系列症状。

（2）脱水：各种原因引起体液的丢失称为脱水。脱水时，电解质紊乱，根据水、电解质紊乱情况，可将脱水分为三种类型。

1）等渗性脱水：水与钠同时减少，病羊的血浆为等渗液，故称为等渗性脱水。常见于羔羊痢疾，胃肠炎等。在腹泻时，丢失大量的细胞外液，但由于机体本身调节，故细胞内外液仍然维持等渗，因此在细胞内外液之间不发生水的转移，结果循环血量和细胞间液减少，细胞内液量正常。病羊表现：皮肤弹性降低；血压下降甚至发生休克；循环血量减少，血液相对浓缩；肾血流量减少，肾小球滤过率降低，同时，醛固酮和抗利尿激素增多，引起肾小管对Na^+等吸收作用加强，导致尿量减少。

2）高渗性脱水：水的丢失过多，此时血浆渗透压增大，故称为高渗性脱水。见于病羊不吃不喝，使水源断绝时；另外如出汗过多（汗液为低渗液）、大量应用脱水剂（甘露醇注射液）消化液大量丢失等。由于细胞外液渗透压增高，细胞内液渗透压相对较低，则细胞内水向细胞外液转移，因而循环血量下降，而细胞内则严重脱水。表现为口腔干燥、口渴，皮肤弹性减退，尿少而比重增高，大脑细胞脱水时出现昏迷症状。

3）低渗性脱水：体液中钠的丢失过多，使血浆渗透压过低，称为低渗性脱水。一般是在等渗或高渗性脱水时，大量补水而引起，此时细胞外液渗透压降低，细胞水肿，循环血量特别是细胞间液明显减少。表现：尿液初多后少，无力，厌食、眼窝下陷，血压下降，脑细胞水肿时昏睡，昏迷或休克。

在急性肾功能衰竭、水排出减少的情况下，输入低渗液体过多而引起水中毒。

（3）估计补液量的方法：上述各种脱水，以等渗性脱水多见，在兽医临床中，目前尚无可靠的计算脱水量的公式采用，我们暂且依据红细胞压积容量估计脱水量：

用温氏(Wintrobe)比容管测定压紧的红细胞容量的百分数，即为红细胞压积容量（PCV），简称"比容"。测定方法如下：

用草酸钾与草酸铵合剂0.1毫升或10%EDTA-2Na 0.1毫升，装入小瓶，在50℃下烘干。此量可使5毫升血液不凝固。选这两种抗凝剂之一，采血5毫升，混匀。

用长针头吸满抗凝血，插入温氏管底部，然后轻捏胶皮乳头，自下而上挤入血液至刻度10处，切不可有气泡。

装入离心机，以3 000转／分的速度离心30分钟，此时血液分为三层：上层为血浆，下层为红细胞，红细胞层之上有一薄层灰白色的白细胞层。为提高准确性，一般在读取红细胞数后，再离心沉淀5分钟，如与第一次读数相同，说明红细胞已压紧，记录读数。

将红细胞读数乘10，即为红细胞比容之百分数。例如读取的红细胞层为3.5，则结果红细胞比容为35%；如果所用的离心机为倾斜式的，则红细胞层为一斜面，此时可读取斜面1/2处所对应的刻度。

PCV以35.5%计算，则血浆占64.5%。脱水时，血浆中的液体被丢失，红细胞相对增多，血液变稠，比容升高。在临床上应用于估计脱水类型，而决定补液量。

当PVC增加为40%时为轻度脱水，此时的红细胞数由正常的17×10^{12}／升增加至20×10^{12}／升，脉搏由100次／分增加为130次／分，每次补液按20毫升／千克计算，脉搏及红细胞数就可因补液而稍有改善。

PVC为45%时，判定为中度脱水，红细胞数增至22.5×10^{12}/升，脉搏增至160次/分以上。此时每次补液应按30毫升/千克计算即可缓解。

PVC为50%以上时，判定为重度脱水，红细胞数增至25×10^{12}/升，脉搏增至200次/分以上，每次补液应按40毫升/千克体重计算。

这种计算法可粗略算出对羊的补液量，但无法确定心脏功能的好坏，虽简单易行，却仍感不足。如果要判定心脏功能的好坏，就需要测定中心静脉压，但此法操作复杂，在当前兽医临床上不便采用。

$$PCV\% \times 50 = 红细胞（百万/毫米^3）$$

$$红细胞数（百万/毫米^3）\times 2\% = PCV\%$$

$$PCV\% \div 0.04 = 血红蛋白（克/分升）$$

3.磺胺类与抗生素的应用

为了给羊临床用药提供代谢动力学方面的重要参数，西北农林科技大学药理教研组对8种磺胺类与抗生素药物的代谢进行了研究，现分述如下：

（1）磺胺类：

1）磺胺嘧啶（SD）：《兽医药理学》记载服药间隔时间为12小时，人医曾将过去的4小时一次改为12小时一次。据研究，给奶山羊静注磺胺嘧啶钠70毫克/千克体重，生物半衰期为1.82小时，维持有效浓度时间为3.44小时。建议每天用药以2～3次为宜。

2）磺胺甲氧嗪（长效磺胺SMP）：过去认为用药间隔时间为24小时，即每天一次。人医认为，半衰期为37小时。据研究，给奶山羊静脉注射70毫克/千克体重，生物半衰期为7.01小时，有效浓度维持时间为12.43小时。建议每天给药1～2次为宜。

3）磺胺邻二甲氧嘧啶（SDM）：人医认为本品是目前所知维持血中有效浓度时间最长的一种磺胺类药，口服半衰期为150小时，故名周效磺胺。据研究，给奶山羊静脉注射50毫克/千克体重，半衰期为11.95小时，有效血药浓度维持23.46小时；绵羊半衰期为

11.16小时。据此，建议给羊静脉注射时以2天一次为宜。

4）磺胺甲氧嘧啶（长效磺胺SMD）：人医认为其半衰期为37小时，在抗菌能力、吸收、排泄、血中浓度、乙酰化率，血浆蛋白结合率以及渗入脊髓的浓度方面，都具有比SMP、SD更好的性能，为人医广泛使用的一种长效磺胺类药。《兽医药现学》记载，用药间隔时间为12小时。据研究，给奶山羊静脉注射50毫克/千克体重，生物半衰期为4.38小时，有效浓度维持时间为3.63小时，可见，SMD对奶山羊，仅为短效磺胺时效。本试验中生物半衰期时间大于有效浓度维持时间，故可考虑适当加大剂量来延长其作用时间。

5）磺胺间甲氧嘧啶（制菌磺）：人口服后半衰期为36～48小时，注射剂量为70毫克/千克体重，24小时给药1～2次。据研究，给奶山羊静脉注射100毫克/千克体重，半衰期为1.45小时，维持有效浓度的时间为3.3小时，为短效药物。建议对奶山羊宜3～4小时给药1次。

（2）抗生素：

1）注射抗生素：

a.链霉素：过去认为肌注化后达高峰血浓度。一般在血中的有效浓度可维持在6～12小时，即每天注射2次。据现在研究：单独肌内注射硫酸链霉素（10毫克/千克体重），吸收非常迅速，经15分钟血药浓度均值达12.33微克/毫升，出血药有效浓度(5微克/毫升)2倍多。达峰值为1.11小时，说明链霉素在奶山羊的有效血药浓度维持时间比其他家畜为短；为保证疗效，建议肌内注射以每天2～3次为宜。

b.红霉素：过去认为红霉素注射后，有效血药浓度可维持10～12小时。据现在研究，给奶山羊静注8毫克/千克体重后消除半衰期为2.78小时，有效浓度维持时间为3.22小时。建议每天给药以2～3次为宜。

c.庆大霉素：据现在的研究，给奶山羊注射后，消除半衰期为2.13小时，维持有效浓度时间约为3小时。建议每天给药以2~3次为宜。

2）口服抗生素：成年奶山羊瘤胃中的纤毛虫含60万~100万/毫升，细菌为100亿~150亿/毫升，这些微小生物对纤维素的消化起重要作用，因此，有人建议把纤毛虫计数作为推断瘤胃消化功能是否恢复的一个指标。

既然瘤胃中存在如此多的原虫和微生物，因此，口服抗生素及某些磺胺类，可产生如下不良后果：一是抑制或杀死某些微生物，破坏正常微生物体系，使消化功能下降，奶产量降低，或延误病情；二是某些微生物群落对某种抗生素产生抗药性，使抗生素失去作用。因此，给羊投服抗生素或磺胺时，除了羔羊及某些细菌性胃肠炎外，一般应避免口服。

（3）联合应用抗菌药物问题：联合用药的目的是为了获得协同作用，从而提高抑菌或杀菌效果，更好地控制感染，降低毒性，减少或延长抗药性的产生。但临床实践证明，联合用药并不是对所有病例都能获得所希望的增强效果，甚至少数情况下疗效反有降低。因为联合用药可能发生增强、无关、拮抗等。

在实践中，可以按照抗菌药物对细菌作用性质的不同，将其分为四类：

第一类：繁殖期杀菌剂，如青霉素类、头孢霉素类等。

第二类：静止期杀菌剂，氨基糖苷类如链霉素、庆大霉素、卡那霉素、新霉素和青霉素等。

第三类：速效抑菌剂，如四环素、土霉素、合霉素、氯霉素与大环内酯类抗生素（红霉素、螺旋霉素、麦迪霉素）等。

第四类：慢效抑菌剂，如磺胺类、呋喃类。

在联合应用时，各类之间联合应用后的效果是有不同的。

第一类和第二类：都是杀菌剂，合用有增强作用，例如青霉素与链霉素合用，在链霉素的作用下，细菌合成了无功能的蛋白质，但蛋白质合成并未停止，因此，细菌细胞继续生长而体积增大，这就有利于青霉素阻碍细胞壁黏肽合成，导致细胞壁缺损，胞浆内渗透压增高而使细菌肿大、变形、溶菌而死亡。青霉素破坏细菌胞壁的完整性，也有利于链霉素等进入细胞内而发挥作用。多黏菌素类和青霉素类或氨基糖苷类抗生素合用，也可使疗效增强。

第一类和第三类：合用可降低抗菌效能，如青霉素类与氯霉素或四环素类合用，由于后两类药使蛋白质的合成迅速被抑制，细菌处于静止状态，致使青霉素（繁殖期杀菌剂）干扰细胞壁合成，导致壁缺损的作用不能充分发挥，降低其抗菌效能。

第二类和第三类：合用可获得增强或相加作用，一般不产生拮抗作用。

第三类和第四类：合用一般可获得相加作用，由于都是抑菌剂，一般可获得相加作用。

第四类和第一类：合用一般无重大影响。在治疗流行性脑膜炎时，由于青霉素G透过血脑屏障能力较差，可与易透过的磺胺嘧啶合用而提高疗效。

（4）联合用药的对象：

1）病因未明：危及生命的病因未明的严重感染。

2）严重感染：如金葡萄感染、细菌性心内膜炎、败血症等，估计使用单一药物难于控制者。

3）混合感染：考虑到单一抗菌药不能控制混合感染时，如烧伤污染的复合创伤、腹腔脏器穿孔所引起的腹膜炎等。

4）感染部位为一般抗菌药不易透入者：如结核性脑膜炎、结核杆菌的细胞内感染，可采用链霉素与易透入细胞内的异烟肼合用，以增强疗效。

5）防止抗药性产生：需要长期应用抗菌药而细菌易产生抗药性者，如结核病、革兰氏阴性杆菌所致的肾盂肾炎。

6）抑制水解酶：异噁唑类与青霉素合用，由于前者可抑制β-内酰胺酶，从而发挥两药的协同抗菌效果。

（5）抗菌药物的临床选择：抗菌药物的选择首先取决于病原体的种类和性质，因此，正确选用抗菌药物必须对致病菌临床正确判断，并配合以病原菌的分离与药敏试验。

4.糖的应用

在羊长期不吃或在其他疾病治疗过程中，兽医人员往往补给大量浓葡萄糖液，或是灌服大量蔗糖或葡萄糖粉，这种方法不一定合适。

（1）口服大量蔗糖：崔中林将60头怀孕奶山羊，随机分成A、B、C3组，每组20只，A组每天喂给白糖250克，分两次拌入饲料中自食；B组每天喂给白糖150克，分两次拌入饲料中自食；C组为对照组。连续3天之后，A组羊只精神沉郁，食欲明显下降，中等程度拉稀，喂至第五天，拉稀加重，停止喂糖。B组羊食欲稍减，有16只羊表现轻度拉稀，至第五天停喂。C组正常。停喂白糖后第二天，拉稀停止，食欲恢复。另选20只怀孕羊（均为预产期前1个月），一次喂给250克白糖，第二天有18只羊拉稀（90%）。

研究报道，蔗糖进入瘤胃后，被微生物发酵，转化成低级脂肪酸，其中主要为乙酸和丁酸。糖在瘤胃中酵解形成大量：乳酸，聚集在瘤胃内的乳酸是：D（－）和L(+)异构体的混合物，D（－）在胃内代谢缓慢，而L(+)乳酸进入血液后，迅速转变成丙酮酸。瘤胃中的过量乳酸及其他酸性物，造成瘤胃酸中毒。瘤胃pH值迅速降低，原虫消失，毒素吸收进入血液引起毒血症，从而出现瘤胃蠕动停滞、腹痛、腹泻、脱水，血液浓稠，心衰或死亡。

由此可见，在治疗中口服蔗糖有害无益，应该引起兽医的重视。如果想让羊体内多产生些葡萄糖，可以供给葡萄糖的前体，如丙酸、甘油等；另外，口服瘤胃素可使丙酸增加，给予糖皮质激素如可的松、皮质醇等，可以加强由氨基酸异生葡萄糖，并可增强某些酶的生成。

（2）静脉注射大量浓葡萄糖液：给奶山羊静脉注射5%葡萄糖，可以被羊体利用。

但给予大量10%～50%的浓糖，其结果一是通过肾脏排除，使羊体水分减少，二是引起反刍与前胃运动抑制。

研究报道，反刍动物的血糖比单胃动物低得多，在成年泌乳羊为6.1毫克/升全血(西北农林科技大学测定)，因此可以推断，反刍动物具有一个特殊的趋于低血糖的发育变化，这个变化与饲养计划的改变无关（Swenson,1970）。如果人为地造成高血糖，则羊必然通过机体本身进行调节而导致反刍减少，瘤胃蠕动减弱或废绝，进一步发展为前胃弛缓，这就是静脉注射大量葡萄糖有害无益的道理。

5.盐类泻剂的应用

瘤胃是水的贮存和转运站。瘤胃中的水可被直接吸收进入血液，而血液中的水也可通过瘤胃壁进入瘤胃，这种双相扩散作用与渗透压有关，瘤胃内容物起着人工泵的作用。因此，当瘤胃积食或三四胃阻塞伴发胃有大量液体与食物时，若大量使用盐类泻剂（如硫酸镁、硫酸钠、人工盐等）可造成高渗环境，使机体脱水，特别是在后部不通时，瘤胃被液体充满，起不到下泻作用。因此，在应用盐类泻剂时，应加以足够的水量，使其成为4%～6%的溶液。

若病程过久，可用0.25%普鲁卡因500毫升，加入青霉素40万单位，从右胀窝部行腹腔注射，每天2次，连用2～3天效果较好。

第三章　羊的传染病

一、细菌性传染病

（一）羊炭疽

羊的炭疽病（Anthrax）是由炭疽杆菌引起羊的一种急性、热性、败血性的传染病。本病以突发性高热、可视黏膜发绀和天然孔出血为临床特征，其病理特点为脾脏显著肿大，皮下和浆膜下结缔组织呈出血性胶样浸润，血液凝固不良（图3.1~图3.4）。

【病原】

本病的病原体是炭疽杆菌，它属于芽孢杆菌科，需氧芽孢杆菌属。本菌为革兰氏阳性、链状方头、无鞭毛、不能运动的大杆菌。菌体宽1~3微米，长5~8微米。在动物体内检出的细菌，菌体链状较短，但排列紧密，每个菌体较粗短，且有明显的荚膜；在人工培养基中则形成较长的链条，呈竹节状，一般不形成荚膜。在适宜条件下可形成芽孢，位于菌体中央；芽孢具有很强的抵抗力，在干燥环境中能存活10年之久，煮沸需15~25分钟才能杀死，临床上常用20%漂白粉、0.5%过氧乙酸和1%氢氧化钠作为消毒剂。

【流行病学特点】

各种家畜及人对该病都有易感性，羊的易感性高。病羊是主要传染源，濒死病羊体内及其排泄物中常有大量菌体，若尸体处理不当，炭疽杆菌形成芽孢并污染土壤、水、牧地，则成为长久的疫源地。羊吃了污染的饲料或饮水而感染，也可经呼吸道和血吸虫昆虫叮咬而感染。本病多发于夏季，呈散发或地方性流行，干旱或多雨、洪水涝积等都是炭疽暴发的因素。此外，从疫区出入患病动物产品，如骨粉、皮革、毛发等也常引起本病的暴发。

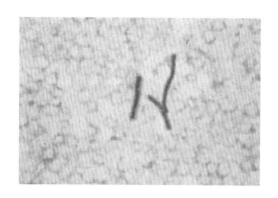

图3.1 炭疽杆菌（革兰氏染色）

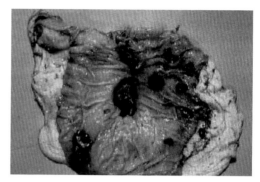

图3.2 皱胃局灶出血性坏死

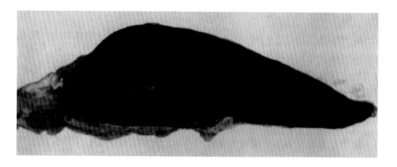

图3.3 败血脾：脾脏肿大、柔软、切面呈黑色、结构不清（王雯慧）

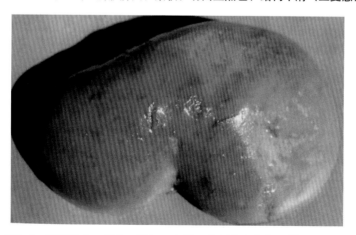

图3.4 肾脏肿大、瘀血、出血、变性，表面灰白色坏死灶（王雯慧）

【临床症状】

　　本病的潜伏期一般为1~5天，最长为14天。主要表现为最急性型、急性型和亚急性型。绵羊和山羊多为最急性型，突然发病，患羊昏迷，眩晕，摇摆，倒地，呼吸困难，结膜发绀，全身战栗，磨牙，口、鼻流出血色泡沫，肛门、阴门流出血液，且不易凝固，数分钟即可死亡。在病情缓和时，羊兴奋不安，行走摇摆，呼吸加快，心跳加速，黏膜发绀，后期全身痉挛，天然孔出血，数小时内即可死亡。

【病理变化】

　　死后外观尸体迅速腐败而极度膨胀，天然孔流血，血液呈酱油色煤焦油样，凝固不良，可视黏膜发绀或有点状出血，尸僵不全。脾脏明显肿大，皮下和浆膜下结缔组织呈现出血性胶样浸润。

【诊断要点】

　　（1）现场诊断：依据临床症状和病理变化可做出初步诊断。

　　（2）实验室诊断：可疑炭疽的病羊禁止剖检，病羊生前采取静脉血液(耳静脉)，死羊可从末梢血管采血涂片。必要时可做局部解剖，采取小块脾脏，然后将切口用0.2%升汞或5%石炭酸浸透的棉花或纱布塞好。涂片用瑞氏染液或亚甲蓝染液染色，置于显微镜下观察，若发现带有荚膜的单个、成双或短链的粗大杆菌即可确诊。有条件时可进行细菌分离和阿斯科利环状沉淀试验。

　　（3）鉴别诊断：羊炭疽和羊快疫、羊肠毒血症、羊猝狙、羊黑疫在临床症状上相似，都是突然发病，病程短促，很快死亡，应注意鉴别诊断。羊肠毒血症在病羊肾脏等实质器官内可见魏氏梭菌，在肠内容物中能检出魏氏梭菌β毒素。羊猝狙用病羊体腔渗出液和脾脏抹片，可见C型魏氏梭菌，从小肠内容物中能检出魏氏梭菌β毒素。羊黑疫用病羊肝坏死灶涂片，可见两端钝圆、粗大的诺维梭菌。

【防治措施】

（1）预防：对经常发生炭疽及受威胁地区的羊，每年用无毒炭疽芽孢苗(仅用于绵羊，皮下接种0.15毫升)或第二号炭疽芽孢苗(绵羊、山羊均可，皮下接种1毫升)做预防注射。当有炭疽病发生时，要及时隔离病羊，对污染的羊舍、地面及用具要立即用10%热氢氧化钠或20%漂白粉溶液喷洒消毒，每隔1小时1次，连续3次。对同群的未发病羊，使用青霉素连续肌内注射3天，有预防作用。

（2）治疗：由于病羊呈最急性经过，往往来不及治疗。病程稍缓羊，必须在严格隔离条件下进行治疗。初期可使用抗炭疽血清，每次40～80毫升，静脉或皮下注射。第一次注射剂量应适当加大，经12小时后再注射一次。炭疽杆菌对青霉素、土霉素及氯霉素敏感，其中青霉素最常用，剂量按每千克体重1.5万单位，每隔8小时肌内注射一次。实践证明，抗炭疽血清与青霉素合用效果更好。

（二）羊快疫

羊快疫是由腐败梭菌引起绵羊的一种急性传染病，临床上以突然发病，病程短促为主要特征，其病理变化为真胃黏膜出血或坏死性炎症反应。

【病原】

本病病原为腐败梭菌（*Clostridium septicum*），大小为（0.6～1.9）微米×（1.9～35.0）微米，在体内外都能产生芽孢，不形成荚膜，病料涂片可呈现单在或2～3个相连的粗大杆菌，形成圆形的中央膨大或偏端芽孢。革兰氏染色阳性。本菌在动物脏器内多呈长丝状，有的呈无关节的花纹状，在肝被膜触片中更易发现，这是腐败梭菌的突出特征，具有一定的诊断意义。

【流行病学特点】

绵羊易感染、山羊次之。以16～18月龄的绵羊最为多发。病羊、带菌羊及被污染的环境为主要传染来源。该病原菌属于自然界常在菌，存在于土壤、污水、人畜粪便和饲料中，在一定条件下可通过消化道感染。羊饮食了污染的饮水和饲料，病菌随之进入胃肠造成传染。许多羊肠道内平时可能就存在本菌，但不发病，当机体抵抗力下降时才能引起发病。该病常发生于秋、冬和早春。

【临床症状】

羊只发病突然，往往未见临床症状就突然死亡，常死在牧场或羊圈。慢性病例的羊常远离羊群，不愿行走，卧地不起。腹部肿胀，有腹痛症状，排粪困难。粪团变大，色黑而柔软。杂有脱落的黏膜，有的排黑色稀便，间或带有血丝。有的排恶臭稀便，病羊表现共济失调，死前结膜显著发红，有神经症状，磨牙抽搐，因剧烈痉挛而死亡。

【病理变化】

病死羊尸体迅速腐烂、膨胀。解剖可视黏膜充血（图3.5），呈暗紫色。体腔多有积液。特征性表现为真胃出血性炎症，胃底部及幽门部黏膜可见大小不等的出血斑点及坏死区，黏膜下发生水肿。肠道内充满气体，常有充血、出血、坏死或溃疡。心内、外膜可见点状出血。胆囊多肿胀。

55

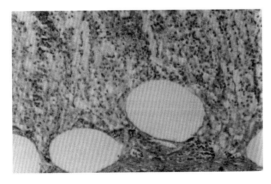

图3.5　胃黏膜充血、出血与炎症细胞浸润

图3.6　肾脏瘀血

【诊断要点】

生前诊断比较困难，死后应注意检查真胃变化。确诊需要进行微生物学检查。

（1）实验室诊断：病死羊肝脏薄膜触片，同瑞氏或亚甲蓝染色液染片镜检，除见到两端钝圆、单个或短链状的粗大菌体外，还可观察到无关节的长丝状菌体链。其他脏器组织中也可发现病原。做动物试验，将病料制成悬液，肌内注射豚鼠或小鼠，实验动物多于24小时内死亡。死亡后立即采集脏器组织进行分离培养，极易获得纯培养。制片镜检也可发现腐败梭菌无关节长丝状的特征表现。

（2）类症鉴别：诊断要注意与类似病症羊肠毒血症、羊黑和羊炭疽的区别。羊快疫发病季节常为秋、冬和早春，而羊肠毒血症多在春夏之交和秋季菜籽成熟时发生。羊快疫有明显的真胃出血性炎性损害；而患羊肠毒血症仅见轻微病损。羊快疫肝脏薄膜触片多见无关节长丝状的腐败梭菌；患羊肠毒血症的血液及脏器中可检查出D型魏氏梭菌。羊黑疫的发生常与肝片吸虫病的流行有关，其真胃损害轻微。患羊黑疫时，肝脏多见坏死灶，涂片检查，可见到两端钝圆、粗大的诺维梭菌。羊快疫和羊炭疽，可用病料组织进行炭疽阿斯科利沉淀反应进行区别诊断。

【防治措施】

（1）预防：在该病的常发区，每年应定期注射有关预防羊快疫的单苗或混合苗。当本病发生严重时，应及时转移放牧地。对所有尚未发病羊加强饲料管理，防止受寒，避免羊采食冰冻饲料。同时可使用羊梭菌病三联苗、四连苗和五连苗进行紧急接种。

（2）治疗：由于病程短促，常常来不及治疗。对病程稍长的病羊，可选用青霉素肌内注射，剂量每次80万～160万单位，每天2次；也可给病羊内服10%～20%石灰乳，每次50～100毫升，连服1～2次。在使用上述抗菌药物的同时应及时配合强心、输液等对症治疗措施。

（三）破伤风

破伤风是人畜共患的一种创伤性、中毒性传染病,其特征是患病动物全身肌肉发生强直性痉挛,对外界刺激的反射兴奋性增强。

【病原】

病原为破伤风梭菌。破伤风梭菌又称强直梭菌,分类上属芽孢杆菌属,为细长的杆菌,多单个存在,能形成芽孢,位于菌体的一端,似鼓槌状,周鞭毛,能运动,无荚膜。幼龄培养物革兰氏染色阳性,培养48小时后常呈阴性反应。破伤风梭菌产生破伤风痉挛毒素、溶血毒素及非痉挛性毒素,其中破伤风痉挛毒素引起该病特征性症状和刺激保护性抗体的产生。溶血毒素引起局部组织坏死,为该菌生长繁殖创造条件;静脉注射溶血毒素可引起实验动物溶血死亡。非痉挛毒素对神经末梢有麻痹作用。破伤风梭菌繁殖体的抵抗力与一般非芽孢菌相似,但芽孢抵抗力甚强,耐热,在土壤中可存活几十年;10%碘酊、10%漂白粉及30%过氧化氢能很快将其杀死。本菌对青霉素敏感,磺胺药次之,链霉素无效。

【流行病学特点】

各种动物都有易感性,其中以单蹄兽最易感,猪、羊、牛次之。该病的病原破伤风梭菌在自然界中广泛存在,羊经创伤感染破伤风梭菌后,如果创口内具备缺氧条件,病原在创口内生长繁殖产生毒素,作用于中枢神经系统而发病。常见于外伤,阉割和脐部感染。在临诊上有不少病例往往找不出创伤、这种情况可能是在破伤风潜伏期中创伤已经愈合,也可能是经胃肠黏膜的损伤而感染。该病以散发形式出现。

【临床症状】

病初症状不明显,以后表现为不能自由卧下或起立,四肢逐渐强直,运步困难,角弓反张,牙关紧闭,流涎,尾直,好像木制的假羊（图3.7、图3.8）,常发生轻度肠鼓胀。突然的影响,可使骨骼肌发生痉挛,致使病羊倒地。发病后期,常因急性胃肠炎而引起腹泻。病死率很高。

图3.7　角弓反张，牙关紧闭，流涎，尾直　　　　图3.8　四肢强直，似木制的假羊

【剖检变化】

由于肌肉挛缩，致使尸温增高，且可长久持续。尸体无特殊变化，只可见到神经组织有瘀血和小点出血。心肌有时有脂肪变性。骨骼肌有时萎缩呈灰黄色。

【诊断要点】

根据本病的特殊临床症状，并结合创伤史，即可确诊。对于症状较轻或症状不明显者，应注意与马钱子中毒、脑膜炎等相区别。确诊需送实验室诊断，可从创伤感染部位取材，进行细菌分离和鉴定，结合动物试验进行诊断。

【防治措施】

（1）预防：要特别重视接产时的消毒，对脐带断端认真涂抹碘酒；羊身上任何部分发生破伤时，均应用碘酊或2%的红汞严密消毒，并应避免泥土及粪便侵入伤口；对一切手术伤口，包括剪毛伤、断尾伤及去角伤等，均应特别注意消毒；在破伤风流行区域，在可能情况下，应及时用破伤风抗毒素做预防注射，剂量为400单位；在经常发生破伤风的地区，为了获得较长时间的自动免疫，可以注射破伤风类毒素。

（2）治疗：治疗时可将病羊置于光线较暗的安静处，给予易消化的饲料和充足的饮水。彻底消除伤口内的坏死组织，用3%过氧化氢、1%高锰酸钾或5%～10%碘酊进行消毒处理。病初应用破伤风抗毒素5万～10万单位肌内或静脉注射，以中和毒素；为了缓解肌肉痉挛，要用氯丙嗪（每千克体重0.002克）或25%硫酸镁注射液10～20毫升肌内注射，并配合应用5%碳酸氢钠100毫升静脉注射。对长期不能采食的病羊，还应每天补糖、补液，当病羊牙关紧闭时，可用3%普鲁卡因5毫升、0.1%肾上腺素0.2～0.5毫升混合，注入咬肌。中药用防风散或千金散，根据病情加减。预防本病，应注意在发生外伤时立即用碘酊消毒，阉割羊或处理羔羊脐带时，也要严格消毒。

（四）羔羊痢疾

羔羊痢疾主要是由B型产气荚膜梭状芽孢杆菌所引起的初生羔羊的一种急性毒血症。该病以剧烈腹泻、小肠发生溃疡和迅速大批死亡为特征。

【病原】

本病的病原在不同地区不尽相同。通常认为其主要病原为B型产气荚膜梭状芽孢杆菌。大肠杆菌、沙门杆菌、肠球菌等也有一定的致病作用。该菌为革兰氏阳性的厌气性杆菌，菌体长4～8微米，宽1～1.5微米。不能运动，在动物体内能形成荚膜，能产生芽孢，也能产生以β毒素为主的外毒素，具有坏死和致死作用。一般消毒药可杀死其繁殖体。繁殖体在干燥土壤中可存活10天，在潮湿土壤中可存活35天，在干燥粪便中可存活3天，湿粪中可存活5天，芽孢在土壤中可存活4年。

【流行病学特点】

本病以1～4日龄羔羊发病最多，7日龄后发病较少。本病常通过接触病羊、吃奶、舔食被污染的物品而感染。病原侵入机体后，在小肠、回肠繁殖，产生毒素而引起发病。经伤口或脐部感染者较少。母羊饲养管理不善，孕期缺乏营养饲料，接羔时卫生及护理不善，羔羊吃奶饥饱过甚也能引发本病。本病在产羔初期散发，产羔盛期群发，纯种羊的发病率和死亡率大于杂种羊和土种羊。本病可使羔羊发生大批死亡，特别是草质差的年份或气候多变的月份，发病率和死亡率均高。

【临床症状】

本病可分两型。

（1）急性型：死亡突然，病程仅数小时至十多小时。病羔死前喜卧，精神不佳，不吃奶，腹部胀痛，低头。粪便先似正常，后变成棕灰色并混有血液和恶臭（图3.9）。黏膜发绀，呼吸急促，脱水，头向后弯，昏迷，口吐白沫，全身发凉。

（2）亚急性型：病羔无精神，懒动喜卧，弓背腹泻，粪便呈半液体状或带黏液或带血液，色黄绿或灰黄，腥臭。病羔食欲废绝，眼下陷，衰竭无力，久卧不起，最后昏迷而死，病程1～2天。

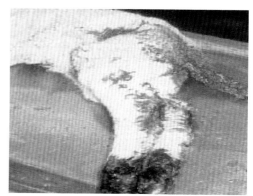

图3.9 尾部、后臀及腿部被血样粪便污染

【病理变化】

尸体严重脱水，尾部污染有稀粪。真胃内有未消化的乳凝块；小肠尤其回肠黏膜充血发红（图3.10），常可见直径1～2毫米的溃疡病灶，溃疡灶周围有一充血、出血带环绕；肠系膜淋巴结肿胀充血，间或出血；心包积液，心内膜可见有出血点；肺脏常有充血区或瘀斑。

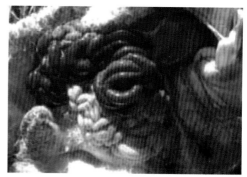

图3.10 羔羊小肠出现间断性鼓胀和暗红色变化

【诊断要点】

依据流行病学、临床症状、病理剖检可做出初步诊断。确诊需进行实验室检查和动物实验，以鉴定病菌及其毒素。

（1）病料采集：生前可采集粪便，死后常采集肝脏、脾脏以及小肠内容物等作为病料。

（2）染色镜检：病料染色检查，可于肠道发现大量有荚膜的革兰氏阳性大杆菌，同时于肝脏、脾脏等脏器也可检出魏氏梭菌。

（3）分离培养：本菌虽为专性厌氧菌，但厌氧条件不苛刻，较易培养。常用厌气肉肝汤和鲜血琼脂进行培养。纯分离物进行生化试验以便鉴定。

（4）毒素检查：利用小肠内容物滤液接种小鼠或豚鼠进行毒素检查和中和试验，以确定毒素的存在和菌型。

本病应与由沙门杆菌、致病性大肠杆菌、肠球菌等所致的羔羊下痢相区别。一是羔羊梭菌性痢疾与沙门杆菌病的鉴别。由沙门杆菌引起的初生羔羊下痢，粪便也可夹杂有血液，剖检可见真胃和肠黏膜潮红并有出血点，从心血、肝脏、脾脏和脑可分离到沙门杆菌；二是羔羊梭菌性痢疾与大肠杆菌病的鉴别。由大肠杆菌引起的羔羊下痢，由魏氏梭菌免疫血清预防无效，而用大肠杆菌免疫血清则有一定的预防作用。在羔羊濒死或刚死时采集病料进行细菌检查，分离出纯培养的致病菌株具有诊断意义。

【防治措施】

（1）预防：

1）加强母羊的饲养管理和催膘保胎工作。在怀孕后期应补饲优质饲草及矿物质。

2）做好产前准备工作，产羔房应铺垫草，室内应清洁干燥。要剪去母羊阴门附近的污毛，用0.5%新洁尔灭溶液或0.5%高锰酸钾溶液擦洗乳房和后躯。接羔时要严格注意卫生消毒工作。

3）加强对羔羊的护理，脐带要消毒好。产羔后应将羔羊和母羊一起放于单独的木栏内饲养2～3天，以后再建立小群和扩大母子群，减少促使发病的诱因。

4）因该病多发于严寒季节，故可试行提前产冬羔的方法以减少该病的发生。

5）在常发本病的地区，羔羊生后12小时内可按0.15～0.2克/天口服土霉素或其他抗菌药物，连服3～5天。

6）病羔接触过的场地、用具应彻底清扫和消毒。对生产母羊可注射羔羊痢疾菌苗或羊梭菌病四联苗或五联苗。

（2）治疗：

1）病初可用硫酸镁2～3克溶于30毫升温开水一次喂服。

2）1%高锰酸钾液按15～20毫升/次内服，连服2～3天。

3）用土霉素0.2～0.3克，胃蛋白酶0.2～0.3克加水喂服，每天2次。

4）根据病情应用强心、补液、收敛、助消化等药物进行对症治疗。另外，治疗本病时可配合中药疗法，对已下痢的羔羊，可服用加减乌梅汤：乌梅(去核)、炒黄连、黄芩、郁金、炙甘草、猪苓各10克，诃子肉、焦山楂、神曲各12克，泽泻8克，干柿饼(切碎)1个，以上药研碎，加水400毫升，煎至150毫升，加红糖50克为引，一次灌服。或服加味白头翁汤：白头翁10克、黄连10克、秦皮12克、生山药30克、山萸肉12克、诃子肉10克、茯苓10克、白术15克。白芍10克、干姜5克、甘草6克，将上述药水煎2次，每次煎汤300毫升，混合后每个羔羊灌服10毫升，每天2次。

（五）羊猝疽

羊猝疽属于羊梭菌性疾病，是由梭状芽孢杆菌属中的细菌所引起的一类急性传染病，临床上以急性死亡、腹膜炎和溃疡性肠炎为特征，能造成羊的急性死亡，对养羊业危害很大。

【病原】

病原为C型产气荚膜梭菌，菌体直杆状，两端钝圆，革兰氏染色阳性。芽孢大而圆，位于菌体中央或近端，多数菌株能形成荚膜。本菌可产生多种外毒素，依据毒素–抗毒素中和试验，可将魏氏梭菌分为A、B、C、D、E五个毒素型。羊猝疽由C型魏氏杆菌所引起。C型产气荚膜梭菌能产生α和β致死性毒素，这两种毒素均为蛋白质，具有酶活性，不耐热，有抗原性，用化学药物处理后可变为类毒素。

【流行病学特点】

绵羊对羊猝疽最敏感，主要发生于成年绵羊，以1～2岁的绵羊发病较多，常流行于低洼潮湿地区和冬春季节，主要经消化道感染，呈地方流行性。

【临床症状】

C型产气荚膜梭菌随污染的饲料或饮水进入羊的消化道，在小肠特别是十二指肠和空肠繁殖，主要产生β毒素，引起羊发病。病程短促，多未及见到症状即突然死亡，有时发现病羊掉群、卧地，表现不安、衰弱或痉挛，于数小时内死亡。

【病理变化】

剖检，可见十二指肠和空肠黏膜严重充血、糜烂（图3.11、图3.12）。个别区段可见大小不等的溃疡灶。体腔多有积液，暴露于空气易形成纤维素絮块。浆膜上有小点出血。死后8小时，骨骼肌肉间积聚有血样液体，肌肉出血，有气性裂孔，这种变化与黑腿病的病变十分相似。

图3.11　肠壁潮红、血管明显、内容物稀薄、色红

图3.12　出血性肠炎、空肠溃疡

【诊断要点】

依据其突然死亡，剖检见糜烂性和溃疡性肠炎、腹膜炎，腹腔、胸腔和心包积液即可做出初步诊断。确诊需进行病原分离鉴定和检查小肠内容物有无毒素。此病易与羊肠毒血症、快疫、炭疽、巴氏杆菌病相混同，应注意鉴别诊断。

【防治措施】

当疫病发生时，应立即将羊群转移到干燥地区，移牧时病羊应留于原地。由于该病开始时多发生于肥壮而贪食的绵羊，故应注意加强饲养管理。当疾病发生时，应多喂干饲料、粗饲料。当发生紧急疫情时，可停喂青饲料和浓厚饲料。平时喂饲料，应遵循逐渐改变的原则。在牧区春季青草茁壮时期，可采用晚出早归的放牧方式以防止其过食。在疫病流行期间应划分疫区和非疫区，禁止其相互来往。疫群的羊毛及其他产品应经消毒处理后方能使用和外运。在本病流行的地区，每年应定期注射"羊猝疽、快疫、肠毒血症三联苗"或"羊猝疽、快疫、肠毒血症、羔羊痢疾、黑疫五联苗"。在发病季节，羔羊也可选用上述联苗或单苗进行预防注射。

（六）结核病

结核病（*Tuberculosis*）是由结核分枝杆菌引起人畜共患的一种慢性传染病。本病以咳嗽、渐进性消瘦为临床特征，其病理特点是在多种器官形成结核性肉芽肿（结核结节），其中羊的结核结节中心常发生干酪样坏死和钙化。

【病原】

该病的病原体为分枝杆菌属结核分枝杆菌复合群的三个种：结核杆菌分为结核分枝杆菌、羊分枝杆菌和禽分枝杆菌，其中羊分枝杆菌对羊的致病性最强，另外两种也可以感染羊。分枝杆菌为革兰氏阳性菌，是抗酸菌的代表，均为平直或微弯的杆菌，大小为（0.2×0.6）微米×（1.0~10）微米。该属细菌不产生鞭毛、芽孢或荚膜，并且形态因种别的不同而略有差异。其中结核分枝杆菌细长或略带弯曲，呈单独或平行相聚排列，多为棍棒状，有时呈分枝状，菌体大小为（0.2~0.5）微米×（1.5~4.0）微米，有颗粒状结构。羊分枝杆菌的形态特征与结核分枝杆菌基本相似，比结核分枝杆菌稍短、稍粗，且着色不均匀。禽分枝杆菌呈多形性，短而小。

【流行病学特点】

结核杆菌可侵害多种动物，易感性因动物种类和个体不同而异。传染源为结核病患畜的排泄物和分泌物污染的饲料和饮水。羊主要通过消化道感染本病，也可通过空气和生殖道感染。主要通过呼吸道和消化道传播，乳房、皮肤、阴道黏膜感染的机会较少。结核病无季节流行性，羊结核病在农村的流行主要是以散发性为主，在规模化养殖场主要以区域性流行为主。在大自然环境中放牧的羊的结核病患病率为1%~2%，而圈养的羊群由于畜棚通风差，病羊在咳嗽时喷出的黏液飞散在空气中，污染了环境，加上互相密切接触，结核感染率较高，若不严加管理，羊结核病的流行和传播也很迅速。

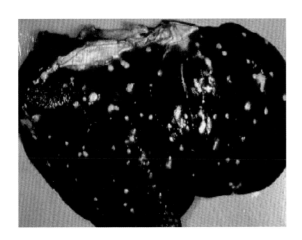

图3.13　粟性肝结节病变

图3.14　肠系膜淋巴结病变

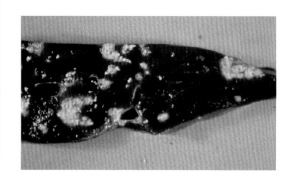

图3.15　肝脏横截面病变结节

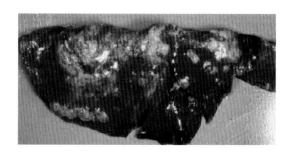

图3.16　肺脏表面病变结节

【临床症状】

　　本病自然感染的潜伏期为16～45天，主要以肺结核和淋巴结核较为常见，其次是乳房结核、其他脏器、骨和关节的结核。病羊体温多正常，有时稍升高。消瘦，被毛干燥，精神不振，多呈慢性经过。当患肺结核时，病羊咳嗽，流脓性鼻液；当乳房被感染时，乳房硬化，乳房淋巴结肿大；当患肠结核时，病羊有持续性消化机能障碍，便秘，腹泻或轻度胀气。羊结核急性病例很少见。

【诊断要点】

　　根据流行病学、临床症状以及病理剖检变化可做出初步诊断，确诊需进行细菌学检查、结核菌素试验以及血清学实验。

　　（1）细菌学检查：采取病畜的病灶、痰、尿粪、乳及其他分泌物，做涂片检查。细菌培养则是通过分离培养疑似病羊代谢物中的细菌，观察所培养细菌的形态，由此判断是否为结核杆菌。该方法是鉴定死、活菌的可靠方法，是目前活菌检测不可替代的方法，被誉为"金标准"。MGIT是一种检测分枝杆菌生长可靠的系统，是快速培养结核分枝杆菌方法的一种，是以硅氧烷为指示剂进行的。此外，采用免疫荧光抗体技术检查病料，不仅能快速、准确地做出判断，而且检出率高。

（2）结核菌素试验：用提纯的牛型结核菌素，将其稀释后经皮内注射0.1毫升，连续观察72小时判定结果，局部有明显的炎症反应，皮厚差在4毫米以上的牛判定为阳性牛。也可以用点眼法进行检疫，在结膜囊内滴入结核菌素3～5滴，3小时、6小时、9小时、24小时各观察一次，如果有两个米粒大以上的黄白色脓性分泌物自眼角流出或有明显的结膜充血、水肿、流泪者即为阳性牛。

（3）血清学实验：采用牛分枝杆菌PPD和其他一些提纯抗原作为包被抗原，建立的ELISA方法，特异性高，敏感性强，可作为结核菌素试验的补充实验。

羊结核应该与羊传染性胸膜肺炎、羊炭疽、羊传染性鼻气管炎相鉴别。

【防治措施】

本病主要采取兽医综合防控措施，防止疾病传入，净化污染群，培育健康畜群。

（1）每年春、秋两季定期进行检疫，主要用结核菌素，结核临诊检查，发现有结核阳性的病牛，应立即隔离，发现为开放性牛结核病牛时，立即扑杀。

（2）污染羊群，反复进行多次检疫，不断出现阳性病畜，则应淘汰污染群的开放性病羊及生产性能不好的、利用价值不高的结核菌素反应阳性的病羊。

（3）病羊所产的羔羊出生后只吃3天初乳后则由检疫无病的健康母牛供养或吃消毒乳。羊应在1个月、6个月、7个半月时进行三次检疫，凡阳性羊予以扑杀。如果呈阴性反应，而且无任何可疑临床症状的，可放入假定健康羊群培育。假定健康的羊应在第一年每隔3个月进行1次检疫，直到没有一头阳性羊出现为止。

（4）加强消毒工作，每年进行2～4次预防性消毒，当出现阳性病羊后要进行一次大的消毒。常用5%的来苏儿，10%的漂白粉和3%的福尔马林。

本病无有效的治疗方法，对有特殊价值的病羊，可用异烟肼、链霉素、对氨基水杨酸、利福平进行治疗，环丝氨酸、林可霉素和阿米卡星对本病也有一定的疗效。

（七）羊肠毒血症

羊肠毒血症是绵羊的一种急性传染病。是由于产气荚膜梭菌D型在羊肠道中大量繁殖并产生毒素所引起，因此称为肠毒血症。死后肾组织易软化，故又称为"软肾病"。

【病原】

本病病原为D型产气荚膜梭菌，又称D型魏氏梭菌，为两端钝圆的粗大杆菌，长0.8～1.0微米，宽0.4～0.8微米，单独或成对排列，有时呈短链条状排列。无鞭毛，不能运动，在动物体内形成荚膜。芽孢位于菌体中央或近端。革兰氏染色阳性。本菌根据毒素、抗毒素中和试验分为A、B、C、D、E、F六型，羊肠毒血症系由D型魏氏梭菌引起。

【流行病学特点】

各品种、年龄的羊都可感染本病，尤其是1岁左右和肥胖的羊发病较多。由于病原菌为土壤常在菌，也存在于污水中。羊只采食了被本菌芽孢所污染的饲草、饲料与饮水，均可引起发病。该病在牧区常发生于夏初至秋季，农区多见于夏收、秋收季节，与采食过量的绿色草料有关。本病多呈散发，绵羊发生较多，山羊较少。2～12个月龄的羊最易发病。雨季及气候骤变在低洼地区放牧或缺乏运动，均可促使本病的发生。

【临床症状】

羊只突然发病，几乎无任何临床症状，通常在看出症状后绵羊便很快死亡。病状可分为两种类型。一类以抽搐为其特征，四肢出现强烈的划动，肌肉抽搐，眼球转动，磨牙，流涎，随后头颈显著抽搐，一般在2～4小时死亡。另一类以昏迷和安静地死去为其特征，早期症状为步态不稳，以后倒卧，并有感觉过敏，流涎，上下颌摩擦"咯咯"作响，继而昏迷，角膜反射消失。有的病羊发生腹泻，排黑色或深绿色稀粪。常在3～4小时内安静地死去。自然感染D型魏氏梭菌的病例，濒死期有明显的血糖升高（从正常的2.2～3.6毫摩/升，升高到20毫摩/升）和尿液中含糖量升高（从正常的1%升高至

6%）。

【病理变化】

　　腹腔和心包积液。心脏扩张，心肌松软，心内外膜有出血点。肺呈紫红色，切面有血液流出。肝脏肿大，呈灰褐色半熟状，质地脆弱，被膜下有点状或带状溢血。胆囊肿大。特征病变是肠道，尤其是小肠黏膜充血、出血，重病者整个肠段壁呈血红色，或有溃疡，故对此有"血肠子病"一说（图3.17～图3.20）。幼龄羊一侧或两侧肾脏软化，肾脏软化如稀泥样。全身淋巴结肿大，呈急性淋巴结炎，切面湿润，髓质部分黑褐色。

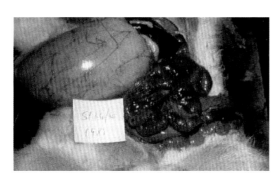

图3.17　小肠黏膜充血、出血

图3.18　整个肠段壁呈血红色

图3.19　肾脏肿胀，皮质，绒线样坏疽

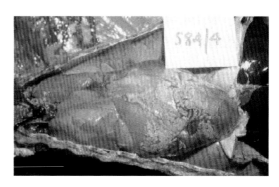

图3.20　心包内纤维样液体，心脏扩张，有出血点

【诊断要点】

根据流行病学、临床症状可做初步诊断，确诊需进行细菌学检查和毒素检查。

（1）现场诊断：根据流行特点(散发、突发、死亡快、多发生于雨季和青草生长旺盛季)，结合剖检病变及急性病例尿中含糖量明显增加，可做出现场诊断。

（2）细菌学检查：取病羊一段有严重炎症的回肠，长10～15厘米，两端结扎，保留其肠内容物。由于本病易与炭疽、快疫、黑疫等混淆，同时无菌采取肝和脾组织做细菌分离鉴定。本菌微厌氧，在普通培养基上可生长。在葡萄糖血清培养基上培养24～48小时，形成中央隆起的大菌落，其表面有放射状条纹，边缘呈锯齿状、灰白色、半透明，借助10倍放大镜观察菌落呈"勋章"样。在羊乳培养基培养8～10小时后，使培养基变成海绵状，称之为"暴力发酵"，该特点可用于本菌的快速诊断。D型产气荚膜梭菌在兔血、牛血琼脂平板上，37℃下24小时培养，呈β溶血，溶血直径2毫米，培养24小时后菌落多为圆形、光滑、隆起，边缘整齐，淡灰色，培养72小时后菌落边缘略不整齐，表面有辐射条纹；该菌能利用葡萄糖、乳糖、蔗糖、麦芽糖、果糖、水杨酸、甘露醇，产生硫化氢，靛基质和V-P试验为阴性，甲基红试验为阳性，尿素试验为阴性。

（3）毒素检查：取肠内容物，根据内容物稀稠情况，可用生理盐水稀释1～3倍，然后以每分钟3000转，离心5分钟，取上清液，给家兔静脉接种2～4毫升或小鼠尾静脉注射0.2～0.5毫升。在肠毒素含量高的情况下，小剂量即可使小鼠于10分钟内死亡。在肠毒素含量低的情况下，于注射后30～60分钟，小鼠卧地不起，呈轻度昏迷，呼吸加快，再经60分钟尚可恢复正常。正常肠道内容物经上述处理的液体注射小鼠后无任何不良反应。为了鉴定菌型，可用标准的产气荚膜梭菌抗毒素与病羊肠道内容物经处理的上清液做中和试验。

（4）动物实验：将肝脏、脾脏、淋巴结等病料组织做成悬液，给家兔腹腔注射，则家兔于24小时内死亡，取材料染色检查，可发现病原典型特征。

本病应与炭疽、羊快疫及巴氏杆菌病进行鉴别诊断。

【防治措施】

（1）预防：在本病常发地区，应按免疫接种计划注射羊快疫、羊猝疽、肠毒血症三联疫苗，可收到良好的免疫效果。当发生肠毒血症时，将羊群转移干燥地区放牧，加强卫生饲养管理，适当增加羊群的运动量。发生了本病，应注意尸体处理和消毒，更换污染草场。消毒药可用5%来苏儿。

（2）治疗：治疗可采用西医疗法，但对急性病例无治疗意义。对病程略长的羊只，可注射产气荚膜梭菌抗毒素血清。口服土霉素或磺胺类药物。用磺胺脒8～12克，第一天一次灌服，第二天分两次灌服。可内服硫酸镁等轻泻剂，排出病羊胃肠道内的有毒物质。肌内注射青霉素80万～160万单位，每天2次，直至痊愈。还可灌服10%石灰水，大羊200毫升，小羊50～80毫升，连用1～2次。同时可结合强心、镇静药物进行对症治疗。

（八）羊链球菌病

羊链球菌病俗称"嗓喉病"，是由马链球菌兽疫亚种引起的一种急性、热性、败血性传染病。本病以颌下淋巴结和咽喉部肿胀、大叶性肺炎、呼吸异常困难、各脏器出血、胆囊肿大为特征。

【病原】

马链球菌兽疫亚种。本菌呈圆形或卵圆形，常排列成链，也可单个或成双存在。在固体培养基上呈短链，在液体培养基上易呈长链。多数链球菌在幼龄培养物中可见到荚膜，不形成芽孢，多数无鞭毛，革兰氏染色阳性。

【流行病学特点】

本病主要发生于绵羊，绵羊易感性高，山羊次之；实验动物以家兔最为敏感，小鼠和鸽也具有易感性。病羊和带菌羊是本病的主要传染源，通常经呼吸道排出病原体。自然感染主要通过呼吸道途径，也可通过损伤的皮肤、黏膜以及羊虱蝇等吸血昆虫叮咬传播。病死羊的肉、骨、皮、毛等可传播病原，在本病传播中最有重要作用。新发病常呈流行性发生，老疫区则呈地方性流行或散发性流行。本病一般于冬（春）季气候寒冷、草质不良时多发。病菌通常存在于病羊的各个脏器以及各种分泌物、排泄物中，而以鼻液、气管分泌和肺脏含量为高。病原体对外环境抵抗力较强，死羊胸水内的细菌在室温下存活100天以上。常用的消毒药有2%石炭酸、0.1%升汞、2%来苏儿以及0.5%漂白粉。

【临床症状】

本病感染的潜伏期为3～10天。病羊体温升高至41℃，呼吸困难，精神不振，食欲低下以至废绝，反刍停止。眼结膜充血、流泪，常见流出脓性分泌物；口流涎水，并混有泡沫；鼻孔流出浆液性、脓性分泌物。咽喉肿胀，下颌淋巴结肿大，部分病例舌体肿大，呼吸急促(图3.21、图3.22)。粪便松软，带有黏液和血液。有些病例可见眼睑、口唇、面颊以及乳房部位肿胀。怀孕羊可发生流产。病羊死前常有磨牙、呻吟和抽搐现象。最急性病理羊24小时内死亡，病程一般2～3天，很少能延长到5天。

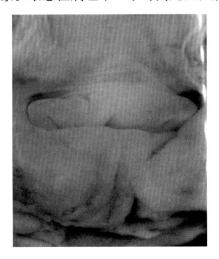

图3.21　咽喉部组织明显肿胀

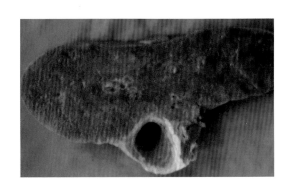

图3.22　浆液性出血性肺炎

【诊断要点】

根据发病季节、临床症状、剖检变化，可以做出初步诊断。确诊需实验室诊断。采取出血或脏器组织涂片、染色镜检，可发现带有荚膜，呈双球状，偶见3～5个菌体相连成短链为特征的病原体存在。也可将肝脏、脾脏、淋巴结等病料组织做成生理盐水悬液，给家兔腹腔注射。若为链球菌病，则家兔常在24小时内死亡。取材料涂片、染色镜检，可发现上述典型形态的细菌。同时也可进行病原的分离鉴定。血清学检查可采用凝集试验、沉淀试验定群和定型，也可用荧光抗体快速诊断本病。

【防治措施】

预防该病应加强饲养管理，做好抓膘、保膘、防寒保暖工作，勿从疫区购羊和羊肉，发现病羊及时进行隔离治疗、被污染的场所及用具均用2%来苏儿消毒，羊群在一定时期内勿进入发过病的"老圈"。每年二三月份前用羊链球菌氢氧化活苗进行预防接种，不论大小，每只羊皮下注射3毫升，3月龄以下羔羊，2～3周后重复1次，免疫期可达半年以上。治疗时可用10%磺胺嘧啶钠0.07克／千克体重（首次量加倍）肌内注射，每隔12小时1次，连用3天。疫情得到控制，3天后全部恢复正常。

（九）羔羊副伤寒

羔羊副伤寒又称为羔羊血痢、黑痢，属于羊沙门杆菌病（sheep salmonellosis）。羊沙门杆菌病包括绵羊沙门杆菌性流产和羔羊副伤寒两个病。羔羊沙门杆菌病又名羔羊副伤寒，俗称血痢或黑痢，是羔羊的急性传染病。其特征是发生急性败血症和下痢。最常危害7～15日龄的羔羊，也可见于2～3日龄的羔羊。发病率约30%，死亡率约25%。

【病原】

病原体为羊沙门杆菌（Salmonella）。沙门杆菌分为三型，即羊流产沙门杆菌、都柏林沙门杆菌（S.Dublin）和鼠伤寒沙门杆菌（S.montevideo），羔羊副伤寒的病原以后两种菌为主。沙门杆菌短小，两端钝圆，有鞭毛，能运动，为革兰氏阴性。对于不利的环境因素如日光、干燥、腐败及冷冻等都有较强的抵抗力，在水、土壤和粪便中能存活数月，但不耐热。一般消毒剂均可将其迅速杀死。感染山羊的沙门杆菌约有1 600个血清型。本菌有O、H、K（又叫Vi）和菌毛4种抗原，可用于菌型鉴定。

【流行病学特点】

本病一年四季均可发生，但在多雨潮湿季节发病较多，发病后一般呈散发性或地方流行性。许多健康羊的粪便中均带有沙门杆菌。单纯的沙门杆菌并不一定引起发病，患病的主要因素是应激状态。羔羊出生后2～3天发病的，主要是在子宫内发生了感染，或者是因为吞下羊水而受到感染。7～15天龄发病的，是由于在出生后经消化道受到感染。主要传染来源是病羊，污染严重的圈棚、水、奶和用具等，也是造成传染的条件。当羔羊抵抗力降低时，沙门杆菌便迅速引起胃肠发炎。病愈的羊可带菌数月，能够成为与其接触的健康羔羊的传染来源。

【临床症状】

病的潜伏期未完全确定。发病后体温升高到40～41℃，精神不好、下痢，粪便中混有血液，但不表现为血痢或黑痢。其中常常有透明的黏液团及组织碎片。病羔食欲消失，体力衰弱，迅速消瘦，于2～3天发生死亡。病久的出现肺炎及关节炎症状。有些病羊痊愈很慢，以至生长发育受到阻碍，而变为侏儒羊，给生产上造成很大损失。

【剖检变化】

尸体解剖的主要病变是：真胃和小肠黏膜有炎症变化，黏膜充血，有出血点。肠内容物稀薄如水。肠系膜淋巴结肿大充血，心外膜及肾皮质有小点出血（图3.23～图3.25）。

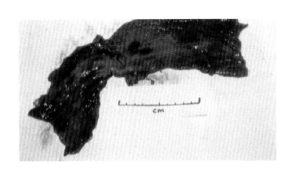

图3.23　出血性肠炎

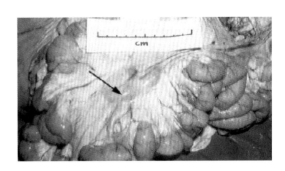

图3.24　肠系膜淋巴结肿大，可分离病原菌

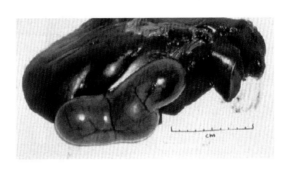

图3.25　肝脏肿大，胆囊充盈

【诊断要点】

　　根据发病日龄、症状及剖检可做出初步诊断，从肠道和肠系膜淋巴结的细菌培养能够做出确诊。血清反应特异性很高，可使用平板快速凝集反应进行诊断。本病最容易与球虫病相混淆。但患球虫病的羊粪便中血液更多，而且可以从显微镜下查到球虫。

【防治措施】

　　（1）预防：由于沙门杆菌的品系很多，难以采用疫苗控制，预防方法主要应从卫生措施着手。①发现症状后，立刻严格隔离，以免扩大传染。同时给予容易消化的奶；可以加入开水，少量多次喂给。②对于未发病的羔羊，为了增强抵抗力，可以用初乳及酸乳进行饮食预防。给予较长时间较大量的酸乳，可以使羔羊获得足够的免疫体和维生素

A，并能促进生长发育和预防肠道细菌的危害。也可以在羔羊出生后1～2小时皮下注射母血5～10毫升进行预防。

（2）治疗：①大量补液。在提高疗效中非常重要。②应用磺胺类或抗生素治疗。磺胺类可用磺胺脒，抗生素可用氯霉素、土霉素或金霉素，口服或肌内注射，将抗生素加入输液中效果更好。至少用5天。用量及用法可参照大肠杆菌病的治疗方法。③应用噬菌体治疗。口服或静脉注射。往往在第一次应用后，即可见病情好转。

（十）羊布鲁杆菌病

布鲁杆菌病是一种人畜共患的慢性传染病。其特点是生殖器官和胎盘发炎，引起流产、不育和各种组织的局部病症。

【病原】

病原为布鲁杆菌。它存在于病畜的生殖器官、内脏和血液。该菌对外界的抵抗力很强，在干燥的土壤中可存活37天，在冷暗处和胎儿体内可存活6个月。1%来苏儿、2%的福尔马林、5%的生石灰水等，15分钟可杀死病菌。

【流行病学特点】

本病的传染源主要是病畜及带菌动物，最危险的是受感染的妊娠母畜，在流产和分娩时，将大量病原随胎儿、胎水和胎衣排出。本病主要通过采食被污染的饲料、饮水，经消化道感染。经皮肤、黏膜、呼吸道以及生殖道(交配)也能感染。与病羊接触、加工病羊肉而不注意消毒的人也易感本病。本病不分性别年龄，一年四季均可发生。

【临床症状】

本病常不表现症状，而首先被注意到的症状是流产。流产前食欲减退、口渴、委顿、阴道流出黄色黏液。流产多发生于怀孕后的第三、四个月。流产母羊多数胎衣不下，继发子宫内膜炎，影响受胎。公羊表现睾丸炎（图3.26～图3.30），睾丸萎缩，行走困难，弓背，饮食减少，逐渐消瘦，失去配种能力。其他症状可能还有乳房炎、支气管炎、关节炎等。

【剖检变化】

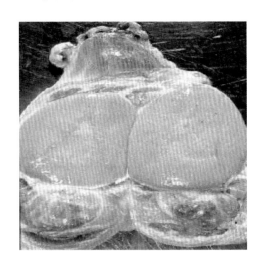

图3.26　睾丸肿大、睾丸尾部纤维性增厚

图3.27　右边的睾丸严重萎缩

77

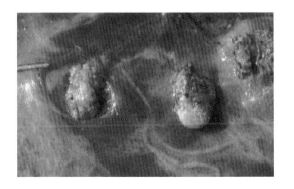

图3.28　流产胎盘中可以看到坏疽性病灶

图3.29　死胎和坏疽性胎盘

图3.30　眼帘布鲁杆菌接种呈阳性反应

胎衣呈黄色胶冻样浸润，膀胱浆膜下有点状和线状出血，流产胎盘中可以看到坏疽性病灶。皮下呈现出血性浆液性浸润。淋巴结、脾脏和肝脏有不同程度的肿胀，有的散在炎性坏死灶。

【诊断要点】

根据流行病学、临床症状、流产胎儿及胎膜的变化即可确诊。目前最常用的诊断方法是血清学诊断。其中以平板凝集试验或试管凝集试验为准。在一些国家也采用。

羊布鲁杆菌最明显的症状是流产，需与钩端螺旋体病、衣原体病、沙门杆菌病等疾病相鉴别。

【防治措施】

目前，本病尚无特效的药物治疗，只能通过加强预防检疫，淘汰病羊的方法净化羊场。

（1）定期检疫：羔羊每年断乳后进行一次布鲁杆菌病检疫，成年羊两年检疫一次或每年预防接种而不检疫，对检出的阳性羊要捕杀处理，不能留养或给予治疗。

（2）免疫接种：当年新生羔羊通过检疫呈阴性的，用"猪布鲁杆菌2号弱毒活菌苗"饮服或注射。羊不分大小每只饮服500亿活菌。疫苗注射，每只羊25亿菌，肌内注射。

（十一）绵羊沙门杆菌性流产

羊沙门杆菌病包括绵羊流产和羔羊副伤寒两种病，羔羊副伤寒见本章（九）。绵羊沙门杆菌性流产是一种地方性流行病，其特征为胎膜组织增生，引起胎儿死亡及早产。

【病原】

病原为沙门杆菌属（*Salmonella*）羊流产沙门杆氏菌，该菌两端钝圆，属于革兰氏阴性杆菌（图3.31），不产生芽孢，也无荚膜。该属细菌对干燥、腐败、日光等因素具有一定的抵抗力，在外界环境下可以生存数周或数月。对于化学消毒剂抵抗力不强，一般常用消毒剂和消毒方法均能将其消灭。

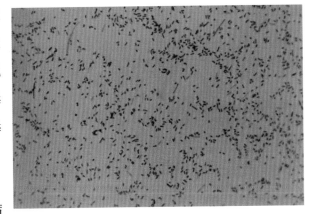

图3.31　沙门杆菌形态（革兰氏染色）（王雯慧）

【流行病学特点】

沙门杆菌广泛存在于自然界，患病动物和带菌动物为主要传染来源，主要经消化道感染，也可通过呼吸道和生殖道感染。幼羊较成羊易感，饲养管理及环境不良均可使病发生。孕羊流产多发生于晚秋和早春，育成羊多发生于夏季及早秋。本病一年四季均可发生，但在多雨潮湿季节发病较多，发病后一般呈散发性或地方流行性。另外，环境污浊、潮湿、棚舍拥挤、粪便堆积、饲料和饮水供应不良、长途运输中气候恶劣、疲劳和饥饿；分娩、手术、母羊缺乳；新引进动物未实施隔离检疫等因素均可促进该病的发生。

【临床症状】

病羊阴唇肿胀，流产前1~2天常流出带血黏液。体温升高到40~41℃，精神委顿，步态僵硬。流产常开始于产前6周左右，有些羊有腹泻症状。在两周以内结束，流产率达60%左右。有些羊可产出活羔，但因羔羊衰弱、腹泻、不食，常于产后1~7天死亡。母羊在流产以后，身体消瘦，子宫常有液体流出，但持续时间不长，有时死亡率高达25%~60%。

【剖检变化】

剖检流产、死产的胎儿或生后1周内的死羔，表现出败血症病变。胎儿皮下组织水肿，充血；肝脾肿胀，有灰色病灶；胎盘水肿、出血。浆膜腔内有大量渗出液。浆膜有小点出血，心外膜的出血更为显著。

【诊断要点】

本病除根据病史、症状及剖检外，可以利用凝集试验法进行诊断。其凝集价为1:80~1:2 560，但正常血清亦可能在1:160时发生凝集现象，应特别加以注意。利用荧光抗体检查沙门杆菌，可快速得出初步结果。羊群中实际发生流产者常比阳性反应者少，这是因为流产的百分率常受许多因子的影响，其中以传染程度与感染时间影响最大。

【防治措施】

（1）预防：加强饲养管理，认真执行卫生防疫措施，并用沙门杆菌弱毒冻干菌苗预防注射。带菌羊为重要的传染媒介，故受到传染的羊群不应再做种用，健康羊群中不应放入有病母羊。

（2）治疗：对患病母羊注射链霉素、土霉素及氯霉素均有疗效，也可用庆大霉素，磺胺甲基嘧啶和磺胺脒。在子宫发炎时，可用0.5%的温来苏儿或1%的胶体银溶液灌洗，每天1～2次，直到没有炎性分泌物为止。对于外阴部及其邻近部分，可用2%的来苏儿或2∶1 000的高锰酸钾溶液洗涤。

（十二）羔羊白痢

羔羊白痢又称羔羊大肠杆菌病，是由致病性大肠杆菌所致羔羊的一种急性传染病，其病理特征为胃肠炎或败血症。病羊常排出白色稀粪，所以又称"羔羊白痢"。

【病原】

病原菌为革兰氏阴性无芽孢杆菌，大小为（0.4～0.7）微米×（2～3）微米，两端钝圆，大多数以周生鞭毛运动（图3.32）。在普通培养基上生长良好，在麦康凯琼脂上形成红色菌落；在伊红亚甲蓝琼脂上产生黑色带金属光泽的菌落。主要有O、K和H3种抗原。通常用O∶K∶H排列表示大肠杆菌的血清型。该菌对外界不利因素的抵抗力不强，常用消毒药可将其杀死。

图3.32　大肠杆菌形态（革兰氏染色）（陈怀涛等）

【流行病学特点】

本病多发于数日龄至6周龄的羔羊，但那波里大肠杆菌也可致3～8月龄的绵羊羔与山羊羔发病，并呈急性经过。本病多发于冬春季舍饲期间，主要经消化道感染，气候多变、初乳不足、圈舍潮湿等有利于本病的发生。

【临床症状】

潜伏期数小时至两天。分为败血型和肠型两种。

（1）败血型：多发生于2~6周龄的羔羊。病初体温升高达41.5~42℃。临诊常有精神委顿、四肢僵硬、运步失调、视力障碍、卧地磨牙、一肢或数肢做划水动作等神经症状，有的关节肿胀、疼痛，最后昏迷。多于24小时内死亡。

（2）肠型：多见于2~8天的幼羔，主要表现为病初体温升高，随之出现下痢，体温下降。病羔腹痛、拱背、委顿。粪便先呈半液状，色黄灰，以后呈液状，含气泡，有时混有血液。如治疗不及时，可于24~36小时死亡，病死率15%~75%。偶见关节肿胀。

【剖检变化】

败血型剖检可见胸、腹腔和心包大量积液，内有纤维素；关节肿大，滑液混浊；脑膜充血，有出血点。

肠型剖检可见尸体严重脱水，真胃、小肠和大肠内容物呈灰黄色半液体状，黏膜充血，肠系膜淋巴结肿胀发红。

【诊断要点】

根据流行病学、症状和主要病理变化，可做出初步诊断，确诊需从血液、内脏、肠壁黏膜取材进行细菌学检查。

（1）现场诊断：主要根据流行病学、临床症状和剖检变化进行诊断。在分析这些资料时，必须注意发病季节、年龄及死亡率。

（2）实验室诊断：采取内脏组织、血液或肠内容物，用麦康凯或其他鉴别培养基画线分离，挑取可疑菌落转种三糖铁培养基培养后，反应符合大肠杆菌者，纯培养后进行生化鉴定和血清学鉴定，以确定血清型。有条件时可进行黏着素抗原检查和肠毒素检查。

（3）类症鉴别：本病应与B型魏氏梭菌引起的出生羔羊下痢（羔羊痢疾）相区别。本病如能分离出纯致病性大肠杆菌，具有鉴别诊断意义。

【防治措施】

（1）预防：加强孕羊的饲养管理，确保新产羔健壮，抗病力强。改善羊舍的环境卫生，做到定期消毒，尤其是分娩前后对羊舍应彻底消毒1～2次。注意幼羊的保暖，尽早让羔羊吃到足够的初乳。也可用本地流行的大肠杆菌血清型制备的活苗或灭活苗接种妊娠母羊，以使羔羊获得被动免疫。对污染的环境、用具，可用3%～5%来苏儿液消毒。

（2）治疗：大肠杆菌对氯霉素、土霉素、新霉素、磺胺类和呋喃类药物均具敏感性。但必须配合护理和对症治疗。氯霉素以每千克体重0.01～0.03克剂量，每天注射2次或每天每千克体重口服0.055～0.11克剂量，分2～3次灌服；土霉素粉，以每天每千克体重30～50毫克剂量，分2～3次口服；磺胺脒，第一次1克，咽后每隔6小时内服0.5克；呋喃唑酮(痢特灵)，每次0.03克，每天2～3次内服，连用2～5天。对新生羔羊可同时加胃蛋白酶0.2～0.3克内服；心脏衰弱者可注射强心剂，脱水严重者可适当补充生理盐水或葡萄糖盐水，必要时还可加入碳酸氢钠或乳酸钠，以防止全身酸中毒；对于有兴奋症状的病羊，可内服水合氯醛0.1～0.2克(加水内服)。

中药治疗用大蒜酊(大蒜100克，95%酒精100毫升，浸泡15天，过滤即成)2～3毫升，加水一次灌服，每天2次，连用数天。白头翁、秦皮、黄连、炒神曲、炒山楂各15克，当归、木香、杭芍各20克，车前子、黄柏各30克，加水500毫升，煎至100毫升。每次3～5毫升，灌服，每天2次，连用数天。

（十三）羊副结核病

副结核病又称副结核性肠炎，是牛、绵羊、山羊的一种慢性接触性传染病。临床特征为间歇性腹泻和进行性消瘦。

【病原和流行病学特征】

该病的病原为副结核分枝杆菌，具有抗酸染色特性，对外界环境的抵抗力较强，在受污染的牧场、圈舍中可存活数月，对热抵抗力差，75%酒精和10%漂白粉能很快将其杀死。副结核分枝杆菌主要存在于病畜的肠道黏膜和肠系膜淋巴结，通过粪便排出，污染饲料、饮水等，经消化道感染健康家畜。幼龄羊的易感性较大，大多在幼龄时感染，经过很长的潜伏期，到成年时才出现临床症状，特别由于机体的抵抗力减弱，饲料中缺乏无机盐和维生素，容易发病；呈散发或地方性流行。

【临床症状】

病羊体重逐渐减轻，间断性或持续性腹泻，粪便呈稀粥状，体温正常或略有升高；发病数月后，病羊消瘦、衰弱、脱毛、卧地，患病末期可并发肺炎，多数死亡。

【剖检变化】

尸体常极度消瘦。病变局限于消化道，回肠、盲肠和结肠的肠黏膜整个增厚或局部增厚，形成皱褶，像大脑皮质的回纹状，肠系膜淋巴结坚硬，色苍白，肿大呈索状（图3.33～图3.36）。

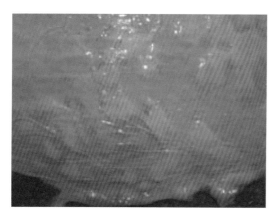

图3.33　盲肠壁上有淋巴样结节

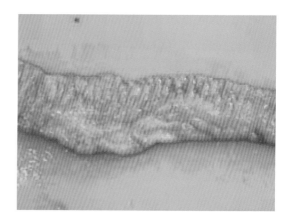

图3.34　回肠末端黏膜出现皱褶

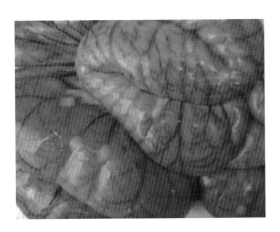

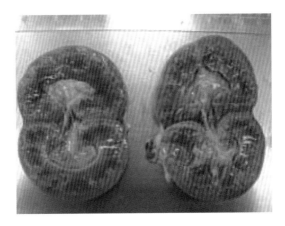

图3.35 肠浆膜层出现大量白色小结节　　　图3.36 双侧肾脏均出现局域性淋巴肉瘤

【诊断要点】

对于没有临床症状或症状不明显的病羊，可用副结核菌素或禽型结核菌素0.1毫升，注射于尾根皱皮内或颈中部皮内，经48～72小时，观察注射部的反应，局部发红肿胀的，可判为阳性。

【防治措施】

羊副结核病无治疗价值。发病后的预防措施包括：病羊群，用变态反应每年检疫4次；对出现临床症状或变态反应阳性的病羊，及时淘汰；感染严重、经济价值低的一般生产群应立即将整个羊群淘汰；对圈栏应彻底消毒，并空闲1年后再引入健康羊。

（十四）羊坏死杆菌病

坏死杆菌病是畜禽共患的一种慢性传染病。在临床上表现为皮肤、皮下组织和消化道黏膜的坏死，有时在其他脏器上形成转移性坏死灶。

【病原与流行病学】

病原坏死梭杆菌为革兰氏阴性、严格厌氧的细菌，分类上属拟杆菌科，梭形杆菌属。具有明显的多形性，小者呈球杆状，大者为长丝状，且多见于病灶及幼龄培养物中，染色时因着色不匀，犹如串珠状。本菌无鞭毛，无芽孢，也不产生荚膜。该菌至少可产生两种毒素，其外毒素皮下注射（兔）可引起组织水肿，静脉注射则数小时内死亡；内毒素皮下或皮内注射可致组织坏死。坏死梭杆菌对理化因素抵抗力不强，对热及常用消毒剂敏感，但在污染的土壤中能长时间存活。本菌对4%的醋酸敏感。

坏死杆菌广泛存在于自然界，此外还常存在于健康动物的口腔、肠道和外生殖器等处。羊主要通过损伤的皮肤、黏膜而感染。草料锐硬，饲料中矿物质特别是钙、磷缺乏，维生素不足，营养不良均可促使该病毒发生。本病多发生于低洼潮湿地区和拥挤圈舍的羊只，呈散发和地方性流行。

【临床症状】

（1）绵羊患坏死杆菌病多于山羊。当病原侵害蹄部时，可引起腐蹄病，多为一侧肢患病。表现蹄间隙、蹄踵、蹄冠红肿热痛，而后溃烂挤压肿烂部有腐臭脓样液体流出。

（2）重症病例可引起深部组织坏死，蹄匣脱离，坏死也可波及腱、韧带和关节，病羊卧地不起，全身症状恶化，进而发生脓毒败血症死亡。

（3）羔羊可发生坏死性口炎，又称"白喉"，齿龈、颊、硬腭、舌及咽喉发生肿胀，能很快恢复。

【病理变化】

死于坏死杆菌病的羊只，除体表有病变外，一般内脏也有蔓延性或转移性坏死灶。当肺脏中形成坏死性病变时，就会引起坏死性、化脓性胸膜肺炎。当肝脏中形成坏死性病变时，肝脏肿大，呈土黄色，肝脏表面或深部散布有黄白色、大小不等的坏死灶（图3.37、图3.38）。羔羊可形成脐坏疽和脐孔周围相邻处的纤维素性腹膜炎。

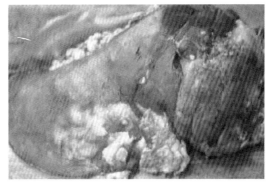

图3.37 肝脏局灶性坏死病变　　　　图3.38 肺脏出现坏死杆菌和放线杆菌脓肿

【诊断要点】

根据发病特点、临床症状可做出诊断。必要时，可从病羊的病灶与健康组织的交界处采取病料涂片，用稀释石炭酸复红或碱性亚甲蓝加温染色，可发现着色不匀、细长丝状的坏死梭杆菌。

【防治措施】

（1）预防：

1）加强饲养管理，经常保持圈舍的干燥卫生，防止过度拥挤，避免发生外伤。一旦发生外伤，应及时用5%碘酊涂擦伤口，以防感染。

2）一旦发现本病应及时隔离、治疗，污染场所、用具等要彻底消毒。

（2）治疗：首先清除坏死组织，用1%高锰酸钾液冲洗或用6%福尔马林、5%～10%硫酸铜或在20%食盐水中加1%高锰酸钾脚浴，然后用抗生素软膏或硫黄软膏涂抹。为了防止硬物刺激，可用绷带包扎患蹄。对坏死性口炎的治疗，先除去口腔内的伪膜，用1%高锰酸钾冲洗口腔，然后涂抹碘甘油或撒布冰硼散（冰片15克、朱砂18克、元明粉150克，研末备用）。当发生转移性病灶时，应进行全身治疗，以注射磺胺嘧啶或土霉素、氟苯尼考的效果最好，连用5天，并配合强心解毒药物，可促进康复，提高治愈率。

（十五）羊蜱性脓毒血症

本病是羔羊的一种血液中毒症，发生于蜱活动最强的月份，常危害2～16周龄的绵羊羔，尤其是3～5周龄的羔羊。一旦感染死亡率可高达20%。

【病原与流行病学】

病原与绵羊乳房炎的主要病原相同，即金黄色葡萄球菌。细菌通过蜱的叮咬而进入身体，如果羔羊生活的时间长，便会到处发生脓肿，包括关节、腱鞘、肋骨、脊柱、脑、肝、脾、肾、心壁和肺部（图3.39、图3.40）。

图3.39 脊柱、关节、心脏、脾以及肝脏脓肿

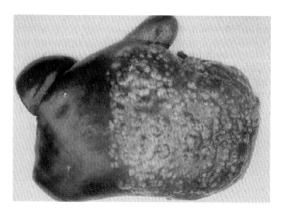

图3.40 多发性肝脏脓肿

【主要症状】

本病如果发生于成年羊，可引起母羊流产和公羊不育。病羊体温升高到40～41.5℃，可持续9～10天。然后温度下降，但羔羊的体况已受到损害，对于其他疾病（如跳跃病或蜱性脓毒血症）的抵抗力降低。于退热之后1周左右，病羊表现食欲减少，精神萎靡。

【防治措施】

本病尚无满意的疫苗进行预防注射，应用抗生素进行预防注射更不实际。最好的方法是对于存在蜱性脓毒血症问题的羊群，于羔羊出生后不久进行药浴。由于羔羊的被毛短，药浴的保护作用只能维持14天，因此每间隔2周应重复进行药浴。如果发现病羊较早，应每天注射青霉素，连用5天。

（十六）羊李氏杆菌病

李氏杆菌病是由产单核细胞李氏杆菌引起的一种急性或慢性传染病，可分为子宫炎型、败血型和脑炎型。

【病原与流行病学】

产单核细胞李氏杆菌(1isteriamonocytogenes)是一种革兰氏阳性小杆菌，长1～3微米，宽约0.5微米，在抹片中单个散在、两个并列或排列成V形。本菌对pH值5以下缺乏耐受性，对食盐和热耐受性强，巴氏消毒法不能杀灭，但一般消毒药易使其灭活。

本病在家畜中，绵羊的李氏杆菌病最为常见，并几乎全为脑炎型，各种年龄和性别的绵羊都可患病；败血型间或发生于10日龄以下的羔羊；子宫炎型多发生于怀孕最后2个月的头胎绵羊。山羊的病型与绵羊的相同。除羊外，本病也发生于猪和家兔，其次为牛、家禽、犬和猫，马极为少见。人可感染发病。多呈散发性，偶呈地方性流行。许多野兽、野禽和啮齿动物尤其是鼠类都易感染，且常为本菌的贮存宿主。饲喂青贮饲料偶可引起本病。

【临床症状及病理变化】

（1）脑炎型：发生于较大的动物，主要症状为头颈一侧性麻痹，故弯向对侧（图3.41～图3.43）；转圈运动，不能强使其改变；有的角弓反张，卧地，昏迷等。剖检时一般无眼观病变。组织学检查时，在脑桥、中脑和延脑可见典型的微脓肿与淋巴细胞性管套。微脓肿起始于小胶质细胞结节和少量中性粒细胞聚集，继而结节中心液化和个性粒细胞明显浸润。这种化脓灶很局限，扩展不大，但却散布于整个白质。胶质结节和局部化脓灶周围的实质可能没有变化，但白质常有较大范围的水肿，其间散在多少不一的个性粒细胞和小胶质细胞。常见到局部软化灶，后者也可能融合。软化灶与血管炎、血栓性栓塞及血管周管套形成所致的血管闭塞有关。血管周围管套明显，主要由淋巴细胞和组织细胞组成，也杂有少量中性和嗜酸性粒细胞。

图3.41　典型的头部一侧性麻痹、斜侧

图3.42　羔羊面瘫

图3.43　脑干局灶性软化和脓肿（HE染色）

（2）子宫炎型：常伴有流产和胎盘滞留，但子宫内的微生物和炎症很快消失（图3.44）。胎儿死亡和流产是因为微生物侵入胎盘，进而侵入胎儿引起败血症所致。胎盘病变显著，绒毛上皮坏死，顶端附有内含细菌的脓性渗出物。在子宫内早期死亡的胎儿，自溶常掩盖了轻微的败血性病变，如胃肠黏膜充血，气管黏膜、心外膜和淋巴结出血，卡他性肺炎以及肝和脾等的变性和坏死灶。在子宫内后期死亡和流产的胎儿，由于病变已充分发展，故常在肝脏，有时在脾脏和肺脏可见到粟粒性坏死灶（图3.45）。

图3.44　急性胎盘炎

图3.45　流产胎儿肝脏上可见局域坏死性损伤

（3）败血型：精神沉郁，轻热，流涎、流泪、流鼻液，不听驱使，吃食、吞咽缓慢。病程短，死亡快。剖检见脾脏肿大、肝粟粒状坏死灶、心外膜出血、脑膜充血、出血性结膜炎和黏脓性的鼻炎。

【诊断】

脑炎型李氏杆菌病，可根据典型的病理组织变化做出诊断。败血型李氏杆菌病的诊断，必须从病变脏器取材、培养、检查细菌。子宫炎型的诊断，只有在胎儿和胎膜中找到细菌，才能确诊。李氏杆菌病发生时脑脊液中的淋巴细胞明显增多，据此，可与其他中枢神经系统疾病相鉴别。

【防治】

严格防疫制度。不从有病地区引入羊、牛或其他家畜。驱除鼠类和其他啮齿动物。由于本病可感染人，故畜牧兽医人员应注意保护。

本病的治疗可用链霉素，病初也可大剂量应用广谱抗生素。

（十七）巴氏杆菌病

巴氏杆菌病主要是由多杀性巴氏杆菌所引起的各种家畜、家禽和野生动物的一种传染病，溶血性巴氏杆菌也可成为羊、牛败血症的病原。在绵羊主要表现为败血症和肺炎。

【病原与流行病学】

本病病原为多杀性巴氏杆菌。多杀巴氏杆菌是一种两端钝圆，中央微突的短杆菌或球杆菌，长0.6~2.5微米，宽0.25~0.6微米，不形成芽孢，不能运动，无鞭毛，革兰氏染色阴性的需氧兼性厌氧菌。本菌在添加血清或血液的培养基上生长良好。在血琼脂上生成灰白色，湿润而黏稠的菌落，不溶血；在普通琼脂上形成细小透明的露珠状菌落；在普通肉汤中，初均匀混浊，以后形成黏性沉淀和薄的附壁菌膜；明胶穿刺培养，沿穿刺孔呈线状生长，上粗下细。

本菌的抵抗力不强，在直射阳光和干燥的情况下迅速死亡；60℃环境中，10分钟可死亡；一般消毒药在几分钟或十几分钟内可死亡；3%石炭酸和0.1%升汞水在1分钟内可死亡，10%石灰乳及常用的甲醛溶液3~4分钟可死亡。在无菌蒸馏水和生理盐水中迅速死亡，但在尸体内可存活1~3个月，在厩肥中亦可存活1个月。

用特异性荚膜抗原（K抗原）吸附于红细胞上做被动血凝试验，分为A、B、D、E和F5个血清群；利用菌体抗原（O抗原）做凝集试验，将本菌分为12个血清型。若将K、O两种抗原组合在一起，迄今已有16个血清型。该病的病型、宿主特异性、致病性、免疫性等，都与血清型有关。

多种动物对多杀性巴氏杆菌都有易感性。在绵羊多发于幼龄羊和羔羊；山羊不易感染。病羊和健康带菌羊是传染源；病原随分泌物和排泄物排出体外经呼吸道、消化道及损伤的皮肤而感染。带菌羊在受寒、长途运输、饲养管理不当使抵抗力降低时，可发生自体内源性传染。

【临床症状】

本病按病程长短可分为最急性、急性和慢性三种。

（1）最急性：多见于哺乳羔羊，羔羊突然发病，出现寒战、虚弱、呼吸困难等症状，于数分钟至数小时内死亡。

（2）急性：精神沉郁，体温升高到41～42℃。咳嗽，鼻孔常有出血，有时混于黏性分泌物中。初期便秘，后期腹泻，有时粪便全部变为血水。病羊常在严重腹泻后虚脱而死，病期2～5天。

（3）慢性：病程可达3周。病羊消瘦，不思饮食，流黏脓性鼻液，咳嗽，呼吸困难，有时颈部和胸下部发生水肿，有角膜炎，腹泻；临死前极度衰弱，体温下降。

【病理变化】

一般在皮下有液体浸润和小点状出血；胸腔内有黄色渗出物；肺瘀血，小点状出血和肝变，偶见有黄豆至胡桃大的化脓灶；胃肠道出血性炎；其他脏器呈水肿和瘀血，间有小点状出血，但脾脏不肿大。该病期较长者尸体消瘦，皮下胶样浸润，常见纤维素性胸膜肺炎，肝有坏死灶（图3.46、图3.47）。

图3.46 肺脏发生实变

图3.47 纤维素性胸膜肺炎

【实验室检查】

采取病死羊的肺、肝、脾及胸腔液，制成涂片，用碱性亚甲蓝染液或瑞特氏染液染色后镜检，从病料看到两端明显着色的椭圆形小杆菌，结合临床症状和病理变化即可做出诊断。

【防治措施】

（1）预防：平时应注意饲养管理，避免羊受寒。发生该病后，应将羊舍用5%漂白粉或10%石灰乳彻底消毒，必要时用高免血清或菌苗做紧急免疫接种。

（2）治疗：发现病羊和可疑病羊立即隔离治疗。氯霉素、庆大霉素、四环素以及磺胺类药物都有良好的治疗效果。氯霉素按每千克体重10～30毫克；庆大霉素按每千克体重1 000～1 500单位；20%磺胺嘧啶钠5～10毫升，均肌内注射，每天2次，直到体温下降、食欲恢复为止。

二、病毒性传染病

（一）口蹄疫

口蹄疫又称口疮热，是一种病毒性传染病，有30多种动物可以感染这种疾病，其中以偶蹄动物最敏感，偶蹄动物中尤以黄牛多见感染，羊发病较少。

【病原】

口蹄疫病毒（FMDV）属于微RNA病毒科中的口蹄疫病毒属，是RNA病毒中最小的一个。病毒呈球形，直径为20～25纳米，无囊膜。口蹄疫病毒在感染宿主细胞浆中增殖，破坏细胞结构形成烂斑。病毒对酸、碱、热敏感，低温下稳定；对蛋白酶、脂溶剂、蛋白变性剂等有抵抗力，紫外线对其有杀灭作用。口蹄疫病毒具有型多、易变的特点，现有7个血清型，即O型、A型、C型、Asia1型、SAT1型、SAT2型SAT3型。我国口蹄疫的病毒型为O型、A型和Asia1型。不同类型的口蹄疫病毒的抗原性不同，彼此之间也无发生免疫现象，但它们所引起的症状都基本一样。发病初期的病羊是该病最危险的传染源。阳光直接照射经过1小时可将病毒杀死。1%～2%的氢氧化钠或30%的草木灰溶液，在很短时间内可以灭活病毒。

【流行病学特点】

该病的发病率几乎达100%，但发生口蹄疫的病畜病死率不高，一般不超过4%～5%（幼畜死亡率为30%～90%）。口蹄疫最易感的动物是牛、猪、羊等偶蹄动物，主要经由吸入、摄入、损坏的上皮和治疗途径感染。由于感染动物从多种途径排泄出大量病毒，所以与感染动物、污染的动物产品、饲养人员、污染物等接触是最主要的传播途径；此外，口蹄疫病毒还可以经空气远距离传播，但并不常见。该病流行的最大特点是传染范围广、传播速度快、发病率高。潜伏期一般为2～14天，潜伏期的动物，在未发生口腔水疱前就开始排毒，发病初期的动物传染性最强，主要是直接接触传染。动物发病后10～15天开始康复，痊愈的动物有50%左右在病愈后的数周至数月中仍可带毒，成为传染源。

【临床症状】

羊口蹄疫的潜伏期约1周。患病时出现高热、精神不振、食欲缺损，流口水等症状。两三天后于口腔发生一种范围较广的炎症，表现为在硬腭和舌面上形成许多水疱，水疱内含透明或微黄色的液体，以后水疱溃破，发生组织糜烂和溃疡。发生口腔水疱后或同时，在蹄冠、蹄踵和趾间发生水泡和烂斑，若破溃后被细菌污染，出现跛行（图3.48～图3.51）。在这个过程中，羊的采食、饮水相当困难，糜烂或溃疡的组织还可进一步发生继发感染，组织的坏死范围会扩大。但病变一般可以愈合，通常经过两周恢复正常。羔羊患口蹄疫时心肌受损较多见（图3.52、图3.53），常可发生死亡，此外，有时可出现出血性胃肠炎。

图3.48　病羊蹄部疼痛，出现跛行

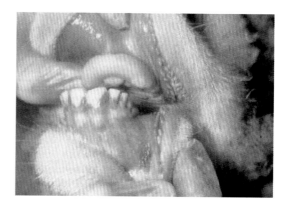

图3.49　唇部溃疡，牙床水疱

96

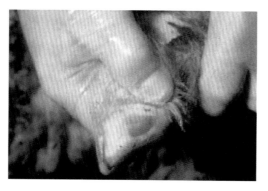

图3.50　蹄冠部有水疱

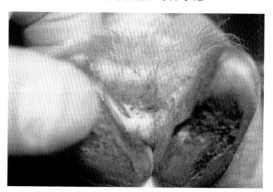

图3.51　蹄叉部水疱破裂

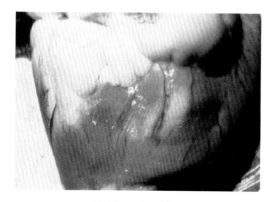

图3.52　虎斑心

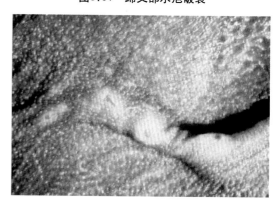

图3.53　瘤胃乳头被侵蚀、溃烂

【诊断要点】

　　根据流行特点、病变的特征性变化和良性结果的综合分析，可对本病做出初步诊断，但需要与羊水疱性口炎进行鉴别诊断，确诊应经过实验室检查结果判定。

【防治措施】

　　病羊疑似口蹄疫时，应立即报告兽医机关，病羊就地封锁，所用器具及污染地面用2%的氢氧化钠喷洒消毒。确认后，立即进行严格封锁、隔离、消毒及防治。发病羊群扑杀后要无害化处理，工作人员外出要全面消毒，病羊吃剩的草料或饮水要烧毁或深埋，羊舍及附近用2%氢氧化钠等消毒液交替使用喷洒消毒，以免散毒。

（二）羊传染性脓疱

　　羊传染性脓疱又名羊传染性脓疱性皮炎，俗称羊口疮，是绵羊和山羊的一种急性接触性传染病，羔羊最易患病。其特征为羊的口内外的皮肤和黏膜发生疾病，经过红斑、丘疹、水疱、脓疱等阶段，最后形成痂块。本病见于世界各地，特别是欧、非、澳、美各洲多见。我国的甘肃、青海及陕西均有发生，一般都称之为"口疮"。

【病原】

　　病原为传染性脓疱病毒又称羊口疮病毒，属于痘病毒科，副痘病毒属。在电子显微镜下，其形态与羊痘病毒相似。病痂在炎热的夏季经过30～60天即失去传染力，但秋冬季散播在土壤里的病痂，到第二年春季仍有传染性，而且可存活数年。本病毒对高温敏感，60℃环境下30分钟可灭活，常用的消毒药为2%氢氧化钠溶液、10%石灰乳、20%热草木灰溶液。

【流行病学特点】

　　本病主要传染源来自病羊。绵羊和山羊可经接触而交互传染。也可经污染的草场、饲具和水源等传染。传染的门户是损伤的皮肤和黏膜。病的潜伏期为36～48小时，死亡率可达10%～20%。耐过羊可获得坚强免疫力。

【临床症状】

绵羊主要发生在羔羊，主要在口唇周围、口角及鼻部特别严重。亦可发生在蹄部和乳房等皮肤部位。病灶开始出现稍高起的斑点，随后变成丘疹、水疱及脓疱三个阶段，并形成痂块，痂块呈红棕色，以后变为黑褐色，非常坚硬。除去硬痂后露出凸凹不平锯齿状的肉芽组织，很容易出血，有的形成瘘管，压之有脓汁排出。病变发生在硬腭和齿龈时，容易溃烂成片，痂块往往24小时后脱落，长出新的皮肤，并不留任何瘢痕。但有继发性感染时，则恢复时间延迟，死亡率可高达10%～20%。耐过的羊可以获得高度免疫性。

奶山羊症状与绵羊传染性脓疱相似，但无水疱期。在自然感染的情况下，主要发生于两侧口角部、上下唇的内外面、齿根、舌尖表面及硬腭等处，少数见于鼻孔及眼的周围。该病初发时，口角或上下唇的内外侧充血，出现散在的红疹。以后红疹数逐渐增加，患部肿大，并形成脓疱。患羊精神正常。经2～4天，红疹全部变为脓疱。脓疱迅速破裂，形成无皮的溃疡，以后形成一层灰褐色痂块。痂块逐渐增大，结成黑色赘疣状痂块，摸起来极为坚硬。如剥除痂块，疮面凹凸不平，容易出血。此时病羊因口唇肿胀疼痛，采食量大为减少。延及到舌面、齿根及硬腭的病变，常常烂成一片，但并不经过结痂过程。有时病变达到眼睑，可引起严重的眼炎（图3.54～图3.57）。

只要无其他并发病，大多数在发病10天以后，痂块开始脱落，脱痂后皮肤新生，表面平滑，并不遗留任何瘢痕。病的全部经过为3周左右。

图3.54　绵羊口唇部的黑色痂块

图3.55　山羊口唇部的黑色痂块

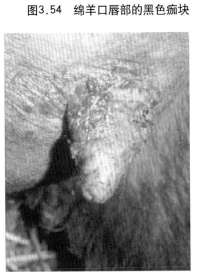

图3.56　乳头侵蚀结痂，多并发葡萄球菌感染

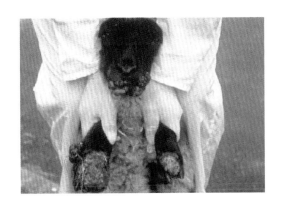

图3.57　蹄冠部可见草莓样溃烂病灶

【诊断要点】

　　根据流行情况和症状特点不难做出确诊。其主要特征是：羔羊发病率高而严重，传染迅速。患病局限于唇部的居多数。病变特点是形成疣状痂块，痂块下的组织增生呈桑

甚状。但应注意与溃疡性皮肤病、羊痘和坏死杆菌病加以区别。羊传染性脓疱与羊痘的区别是羊痘的痘疹多为全身性，病羊体温升高，全身反应严重。痘疹结节呈圆形，突出于皮肤表面，界限明显，似脐状。羊传染性脓疱与坏死杆菌病的区别在于坏死杆菌病主要表现为组织坏死，一般无水疱、脓疱病变，也无疣状增生物。进行细菌学检查和动物试验即可区别。

【防治措施】

（1）预防：

1）疫苗接种：此病一旦发生，传染非常迅速，隔离方法往往收不到理想效果，故最好在常出现该病的羊群中施行疫苗接种。疫苗是用病羊的疮痂制成，应用于划痕过之皮肤，通常接种部位为尾根或大腿内侧。疫苗与病部疮痂内均含有病毒，故必须小心，以防造成传染。当羊群已发病时，疫苗的接种已无多大用处，故必须在疾病未出现之前进行接种。

2）彻底消毒病羊圈舍、场地和用具：

a.在将要放入羔羊的10天以前，将羔羊饲养室和运动场的墙壁及地面的表皮铲去一层，用5%克辽林彻底进行消毒。然后给地面垫上新土，墙壁用石灰粉浆刷两次。

b.在将要放入羔羊的前3~4天，再用5%克辽林彻底消毒一次。

c.对饲养管理用具，一律严格消毒两次。

实践证明，上述彻底消毒办法对于舍饲为主的羊群，效果良好，尤其是对于奶羊群的预防效果更为明显。

（2）治疗：

1）首先应对病羊加强护理。经常给病羊供应清水；饲料不可过于干、硬，遇到病势严重而吃草料困难时，可给予鲜奶或稀料。

2）病轻者通常可以自愈，不需要治疗。对严重病例，应每天给疮面涂以2%~3%

碘酊、1%煤酚皂溶液、3%甲紫（龙胆紫）或5%硫酸铜溶液。亦可涂用防腐性软膏，如3%石炭酸软膏或5%水杨酸软膏。

如果口腔内有溃烂，可由口侧注入1%稀盐酸或3%～4%的氯酸钾，让羊嘴自行活动，以达洗涤的目的，然后涂以碘甘油或抗生素软膏。在补喂精料之前短时间内，不可用消毒液洗涤口外疮伤，否则会因疮面湿润而在吃精料时容易黏附料粒，反复如此，可使疮痂越来越大，羊张口不易，采食发生困难。

（三）羊痘

本病是由山羊痘病毒引起的热性接触性传染病。以全身皮肤、有时也在黏膜上出现典型痘疹为特征。OIE将其列为A类疫病。

【病原】

绵羊痘病毒和山羊痘病毒均为痘病毒科，山羊痘病毒属的成员。该病毒是一种亲上皮性的病毒，大量存在于病羊的皮肤、黏膜的丘疹、脓疮及痂皮内。鼻黏膜分泌物也含有病毒，发病初期血液中也有病毒存在。痘病毒对热的抵抗力不强，55℃环境中20分钟或37℃环境中24小时均可使病毒灭活；病毒对寒冷及干燥的抵抗力较强，冻干的至少可保存3个月以上；在羊毛中保持活力达2个月，在开放羊栏中达6个月。

【流行病学特点】

本病主要通过呼吸道感染，病毒也可通过损伤的皮肤或黏膜侵入机体。饲养管理人员、护理用具、皮毛产品、饲料、垫草和寄生虫等都可成为传播的媒介。羊痘广泛流行于养羊地区，传播快，发病率高。不同品种、性别和年龄的羊均可感染，但细毛羊较粗毛羊、羔羊较成年羊有更高的易感性，病情亦较后者重。在自然条件下，绵羊痘主要感染绵羊；山羊痘则可感染山羊和绵羊。本病流行于冬末春初。气候严寒、雨雪、霜冻、枯草和饲养管理不良等因素，都可促进发病和加重病情。

【临床症状】

潜伏期平均为6~8天。

（1）典型羊痘：分前驱期、发痘期、结痂期。病初体温升高，达41~42℃，呼吸加快，结膜潮红肿胀，流黏液脓性鼻汁。经1~4天后进入发痘期。痘疹多见于无毛部或被毛稀少部位，如眼睑、嘴唇、鼻部、腋下、尾根以公羊阴鞘、母羊阴唇等处，先呈红斑，1~2天后形成丘疹，突出皮肤表面，随后形成水疱，此时体温略有下降，再经2~3天后，由于白细胞集聚，水疱变为脓疱，此时体温再度上升，一般持续2~3天。在发痘过程中，如没有其他病菌继发感染，脓疱破溃后逐渐干燥，形成痂皮，即为结痂期，痂皮脱落后痊愈（图3.58~图3.61）。

（2）顿挫型羊痘：常呈良性经过。通常不发热，痘疹停止在丘疹期，呈硬结状，不形成水疱和脓疱，俗称"石痘"。

（3）非典型羊痘：全身症状较轻。有的脓疱融合形成大的融合痘(臭痘)；脓疱伴发出血形成血痘(黑痘)；脓疱伴发坏死形成坏疽痘。重症病羊常继发肺炎和肠炎，导致败血症或脓毒败血症而死亡。

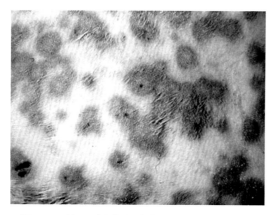

图3.58　被毛稀少部位脓疱伴发出血形成血痘

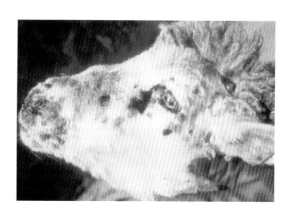

图3.59　嘴及鼻周围形成痘疹

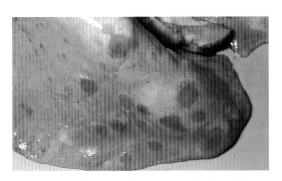

图3.60　肺表面有一些大小不等的痘疹，色暗

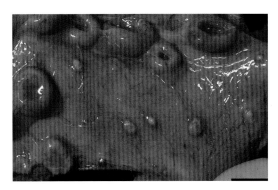

图3.61　肠黏膜形成大小不等的痘疹，中间凹、色暗，似脐状

【诊断要点】

据典型临床症状和病理变化可做出初步诊断，确诊需进一步做实验室检查。由于羊痘有肉眼可见的痘疹症状，一般不需进一步做实验室检查。对于非典型羊痘，一般采用中和试验(细胞中和试验、羊体中和试验)和生物学试验。本病应与羊传染性脓疱相鉴别。

【防治措施】

本病采用弱毒疫苗接种预防。平时加强饲养管理，抓好秋膘，特别是冬春季节适当补饲，注意防寒过冬。一旦发现病羊，立即向主管部门报告疫情，按《中华人民共和国动物防疫法》规定，采取紧急、强制性的控制和扑灭措施。扑杀病羊深埋尸体。羊舍、饲养管理用具等进行严格消毒，污水、污物、粪便无害化处理，健康羊群实施紧急免疫接种。

（四）羊衣原体性流产

羊衣原体性流产，山羊比绵羊易感，而且常呈大流行性，故又称地方流行性流产。其特征是引起孕羊发热、流产、死产和娩出弱羔。此病在苏格兰东南部至少有100年以上，1950年以后陆续发现于欧洲各国，以及新西兰和美国。我国于20世纪70年代末至80年代初确证有本病流行，当时在内蒙古自治区某些地区山羊年均流产率高达11.75%，甚至达34.48%，经济损失很大。

【病原】

本病是由衣原体科（Clamydiaceae），衣原体属（Clamydia）的鹦鹉热衣原体（Clamydiapsittaci）。病原常存在于流产母羊的胎盘及子宫分泌物中，其形态、大小、染色特性与衣原体的其他成员没有区别，为一类圆球形小体，在宿主细胞内增殖；细胞外部的原生小体大小为300纳米，细胞内部的初级小体大小为700～1 200纳米；革兰氏染色阴性，姬姆萨染色和马夏维洛染色着色好。鹦鹉热衣原体的抵抗力不强，对热敏感；0.1%福尔马林、0.5%石炭酸、70%酒精、3%氢氧化钠均能将其灭活；在乙醚内经30分钟灭活，在−70℃下可保存活力数年，但在冰冻干燥条件下，其传染性大为丧失；对磺胺、青霉素、金霉素、四环素、土霉素、氯霉素敏感，对链霉素、氨基苯甲酸有抵抗力。这种病原体在6～8日龄鸡胚内生长良好，感染后的鸡胚经3～8天死亡。小鼠鼻内感染，经常呈肺炎，并导致死亡。

【流行病学特点】

患病动物和带菌动物为主要传染源，可通过粪便、尿液、乳汁、泪液、鼻分泌物以及流产的胎儿、胎衣、羊水排出病原体，污染水源、饲料及环境。主要经呼吸道、消化道及损伤的皮肤、黏膜感染；也可通过交配或用患病公畜的精液人工授精发生感染，子宫内感染也有可能；蜱、螨等吸血昆虫叮咬也可能传播本病。羊衣原体性流产多呈地方性流行。饲养密度大、营养缺乏、长途运输或迁徙、寄生虫侵袭等应激因素可促进本病的发生、流行。一般认为羔羊被感染常常是出生后摄食了大量病原体的结果。这种衣原体对胎盘具有高度亲和性，对其他组织亲和性很小。因此，侵入机体内的衣原体对正常动物和怀孕动物在临床上处于潜伏状态，直到妊娠后期才引起流产。被感染的胎盘含有大量衣原体，并随胎儿及其分泌物排出，污染羊圈、牧草及周围环境，传染其他羊只。健康羊群的传染通常是由于购进带菌母羊而引起的。

【临床症状】

本病潜伏期为50～90天。流产通常发生于妊娠的中后期，一般看不到流产的征兆。此病几乎完全发生在二岁和成年母山羊，绵羊发生较少，公羊一般不发生自然感染。发病数常各不相同，第一胎和第二胎母羊流产率可高达25%，流产的大多数病例或早产羔羊常发生在妊娠后期，一般在足月前2～3周流产，少数可发生在3～4周以前。流产羔羊大多数为死羔，但有些感染母羊亦可娩出健康羔羊；甚至在胎盘严重感染时，双胎羔羊一只患病，另一只健康的情况也不少见。母羊在流产后的一段时间里。常常从阴道排出粉红色奶油状液体，但当胎盘滞留在体内或羔羊死亡而不能娩出时，母羊精神极度萎靡，有时还可能继发细菌感染而导致死亡。

【剖检变化】

最明显的特征是胎膜的变化，患病胎盘的子叶和绒毛膜呈各期坏死，子叶呈黑红色、粉红色至黯土色（图3.62）；绒毛膜由于水肿而出现不规则的增厚区域，但最常见的是绒毛膜呈现粗糙、皱缩及皮革样。相反，子宫黏膜及子宫绒毛叶不出现眼观变化。

【诊断要点】

胎盘损害是其特点，但必须证实罹病胎盘和子宫排出物内有衣原体存在，才可确诊。诊断材料可用罹病胎盘、子宫排出物或新流产胎儿的皮毛。与布鲁杆菌病不同的是，这种病原体不存在于胎儿的胃内容物。

用上述材料制作涂片，用马夏维洛或布鲁杆菌鉴别染色法，镜检时可见到大小为250～450纳米淡红色圆球形颗粒（即原生小体），细心检查时，在淡蓝色背景上可发现蓝色的大圆球形颗粒（初级小体）。用暗视野检查可清楚地看到衣原体（图3.63）。

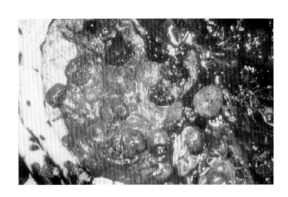

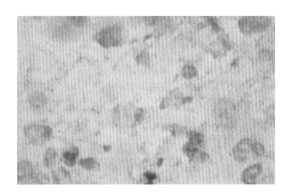

图3.62 胎盘的子叶和绒毛膜呈各期坏死，子叶呈黑红色、粉红色至黯土色

图3.63 衣原体病原体（齐一尼二氏抗酸染色）

血清学检查方法包括补体结合反应，血清中和抗体及荧光抗体染色。感染或接种疫苗的绵羊，通常存在补体结合抗体。在流产后2周和4个月之间，采取急性期和康复期血清做补体结合反应试验，是一种有效的诊断方法，康复期血清应该比急性期血清的抗体水平升高4倍以上。

应用接种的鸡胚卵黄囊乳浊液与血清混合鼻内接种小鼠，可证实被检血清的抗体。用血清和抗原混合物0.25～0.3毫升给小鼠滴鼻，如果血清中缺乏这种中和抗体，则在滴鼻后3～5天引起小鼠致死性感染。

【防治措施】

（1）预防：已流产的羊只通常对再感染具有抵抗力，不再发生第二次流产。在国外，用接种的鸡胚卵黄囊组织经福尔马林灭活，再经沉淀制成油包水明矾乳胶液疫苗，效果良好。国内研制的羊衣原体卵黄囊甲醛灭活苗对山羊、绵羊均有明显预防效果。青年母羊在配种前接种疫苗，其免疫力至少可维持30个月，经过免疫的羊群，在产羔季节可明显地减少流产。在预防方面，防止病原体的传播是一项重要措施。为此，对有临床症状的母羊应进行隔离；在产羔季节应把青年母羊和繁殖母羊隔开；流产死羔和胎盘应收集深埋或烧毁；流产胎儿、胎盘及流产母羊排出物污染的场地均应进行严格消毒。无此病的区域不得从疫区引进羊只。

（2）治疗：个别病例的治疗，可应用磺胺药及抗生素（氯霉素、金霉素和土霉素）。青霉素在试管内对衣原体有抑制作用，但临床应用效果不佳。

（五）羊绦虫病

本病是由莫尼茨绦虫、曲子宫绦虫及无卵黄腺绦虫寄生于绵羊、山羊和牛的小肠所引起。其中莫尼茨绦虫危害最为严重，特别是羔羊、犊牛感染时，不仅影响生长发育，甚至可引起死亡。3种绦虫既可单独感染，也可混合感染。本病分布很广，常呈地方性流行。能够引起羔羊的发育不良，甚至导致死亡。本病在全国分布很广，三北牧区更为普遍，造成的经济损失很大。

【病原及其形态特征】

本病的病原为绦虫（thysanosoma，tapeworms）。绦虫是一种长带状而由许多扁平体节组成的蠕虫，寄生在绵羊及山羊的小肠中，共有4种，即扩展莫尼茨绦虫（*moniezia expansa*），贝氏莫尼茨绦虫（*M.benedeni*）、盖氏曲子宫绦虫（*he1ictametra giardi*）和无卵黄腺绦虫（*avitellina centripunctata*），比较常见的是前2种。

扩展莫尼茨绦虫体长1～6米，宽16毫米。贝氏莫尼茨绦虫长1～4米，宽26毫米。营养的吸取是由体节进行(皮上有微细小孔)。常危害1.5～8个月大的羔羊。

绦虫的头节呈扁圆形，住虫体最前端。头节上有4个吸盘，无钩。吸盘有固定虫体的作用。头节向后的部分，不分节，称为颈节。未成熟体节由颈节生长出来。可以看出一节一节的体段。成熟体节近乎正方形，在未成熟体节的后部，内部有了成熟的生殖器官。

绦虫是雌雄同体，每个体节内都包含着一组或两组雌雄生殖器官。就两种莫尼茨绦虫而言，每一个成熟体节都含有两组生殖器官。

受精方式是多种多样的。两虫之间，两节片之间，同一节片之内(由阴茎注入阴道)都可以受精。

含卵体节为长方形，在虫体最后，内部充满虫卵。

两种莫尼茨绦虫在外形上相似，所不同的是：扩展莫尼茨绦虫的节间线为大圆点状，分散排列；而贝氏莫尼茨绦虫的节间线为小点状，密集成粗线状，在染色以后即可看出。

盖式曲子宫绦虫虫体可长达2米，宽约12毫米。每个节片有1组生殖器官，偶尔也有两组的。卵巢、卵黄腺和卵膜靠近生殖孔一侧，排列成环状的生殖孔不规则地交替开口于节片边缘。睾丸位于纵排泄管外侧。孕节的子宫有许多弯曲，呈波浪形。在子宫侧支的末端有许多子宫周围器，每个子宫周围器含有3~8个虫卵。虫卵近于圆形，无梨形器。

无卵黄腺绦虫是反刍兽绦虫中较小的一类，虫体长2~3米，宽仅约3毫米。节片短，分节不明显。每个节片有一组生殖器官，生殖孔亦不规则地交替开口于节片边缘，无卵黄腺，卵巢位于生殖孔一侧。睾丸在纵排泄管的内外两侧。子宫在节片的中央。虫卵无梨形器，包在壁厚的子宫周围器内。由于各节片中央的子宫相互靠近，故能明显看到虫体后部中央贯穿着一条白色的线状物。

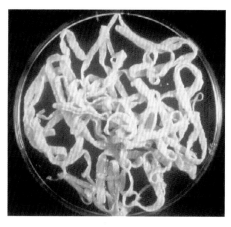

图3.62 扩展莫尼茨绦虫形态

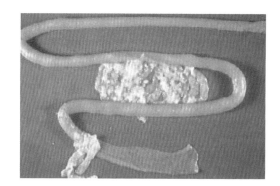

图3.63 肠道内扩展莫尼茨绦虫

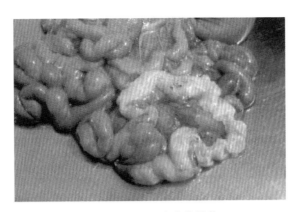

图3.64　肠腔内虫体结节

【生活史】

上述各种绦虫的中间宿主均为一种小蜘蛛——地螨。

含卵体节一节一节地或一组一组地由虫体脱离后，随羊的粪便排出体外，在外界环境中崩裂开来，放出虫卵。卵被牧场上的小蜘蛛吞食后，其卵内所含的六钩仔虫，即出卵而发育成幼虫(拟囊尾蚴)。含有拟囊尾蚴的小蜘蛛被羊吞食后，其体内的拟囊尾蚴就在羊的消化道逸出，附着在羊的肠壁上，逐渐发育为成虫，所需时间为37～40天。成虫在羊体内的生活时间为2～6个月。

【临床症状】

症状的轻重与虫体感染强度及羊的年龄、体质密切相关。一般轻微感染的羊不表现症状，尤其是成年羊。但1.5～8个月人的羔羊，在严重感染后则表现食欲降低，渴欲增加，下痢，贫血及淋巴结肿大。病羊生长不良，体重显著降低；腹泻时粪中混有绦虫节片，有时可见一段虫体吊在肛门处。若虫体阻塞肠道，则出现膨胀和腹痛现象，甚至因发生肠破裂而死亡。有时病羊出现转圈、肌肉痉挛或头向后仰等神经症状。后期仰头倒地，经常做咀嚼运动，口周围有泡沫，对外界反应几乎丧失，直至全身衰竭而死。

【剖检】

可在小肠中发现虫体，数量不等，其寄生处有卡他性炎症。有时可见肠壁扩张、肠套叠乃至肠破裂；肠系膜、肠黏膜、肾脏、脾脏甚至肝脏发生增生性变性过程；肠黏膜、心内膜和心包膜有出血点；脑内可见出血性浸润和血液；腹腔和颅腔积有渗出液。

【诊断】

（1）虫卵检查：绦虫并不由节片排卵，除非是含卵体节在肠中破裂，才能排出虫卵。因此一般不容易从粪便检查出来。绦虫卵的形状特殊，不是一般的圆形或卵圆形。扩展莫尼茨绦虫的虫卵近乎三角形，贝氏莫尼茨绦虫的虫卵近乎正方形。卵内都含有一个梨形构造的六钩仔虫。

（2）体节检查：成熟的含卵体节经常会脱离下来，随着粪便排出体外。清晨在羊圈里新排出的羊粪中看到的混有黄白色扁圆柱状的东西，即为绦虫节片，长约1厘米，两端弯曲，很像蛆。有时可排出长短不等、呈链条状的数个节片。

【预防与治疗】

（1）预防：在预防中，首先应了解牧场情况，然后将放牧时间与驱虫工作结合起来，才能有效。还需要考虑的是：凡是经过一年没有放牧过羔羊的牧场，对绦虫的感染机会比较少，反之就较大。预防应该从以下几点进行：

1）如果在1年以前放牧过患绦虫病羔羊的牧场进行放牧，应该在经过25～30天以后进行预防性治疗。在到达该牧场后35～40天进行第二次预防性治疗，以驱除未成熟的绦虫。治疗后把羊转移到安全牧场。

2）如果治疗后仍有羔羊死亡，应在2周后对全群再进行一次驱虫。

3）为了把每年在羔羊中发现绦虫病的牧场变成安全牧场，应该将其改成放牧成年羊群，而把羔羊放牧到2年来没有放牧过羔羊的牧场去。

（2）治疗：20世纪50年代，国内曾推广使用1%硫酸铜溶液灌服，对绵羊和山羊莫尼茨绦虫驱虫，效果较好，但由于毒性较大，安全范围很小，已被淘汰。当前以氯硝柳胺（niclosamidum）和丙硫苯唑（abendazol，丙硫苯咪唑，阿苯哒唑）为上选，其次为硫双二氯酚(bithionol)。

氯硝柳胺又称灭绦灵，对莫尼茨绦虫具有高效，使用安全。用量为每50～70毫克/千克体重。不溶于水，可与面粉配成溶液经口灌服，对莫尼茨绦虫和曲子宫绦虫均有效，口服后5小时即可见排虫。丙硫苯唑驱虫效果好，但所需剂量较大。用量为100毫克/千克体重，一次内服，对莫尼茨绦虫载虫量减少100%。硫双二氯酚又名别酊(bitin Lorothidol)。用量为75～100毫克/千克体重，混于饲料中喂给或灌服，对各种绦虫都有效。缺点是用量大，安全范围较小，治疗量时出现腹泻副作用较明显，推广使用受到一定限制。

中药治疗：①川椒30克，贯仲9克，皂角6克，使君子9克，鹤虱6克，马鞭草9克，共为细末，与小米汤共调，候温灌服。②烟叶30克，加水500毫升，浸泡1天，取烟叶水250克加入胆矾1.5克，再加水250毫升，充分混匀灌服，分为两次，1天灌完。③贯仲9克，槟榔6克，南瓜子30克，鹤虱6克，苏木6克，共为细末，温开水冲灌。

三、线虫病

（一）羊消化道线虫病

【病因】

消化道线虫病是由寄生于消化道内的各种线虫引起的寄生虫病的总称。羊的消化道线虫种类很多，主要有捻转血矛线虫、奥斯特线虫、马歇尔线虫、毛圆线虫、细颈线虫等（图3.65～图3.68），分布较为广泛，多数寄生于真胃、小肠、大肠等部位。各种线虫往往混合感染，易造成混合感染。对羊造成不同程度的危害，是每年春乏季节造成羊只

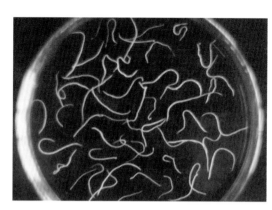

图3.65　捻转血矛线虫（陈怀涛）

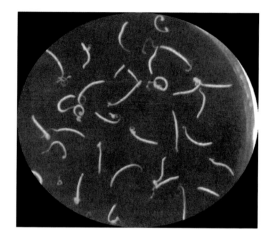

图3.66　毛首线虫形态，前段细长，后端粗短（陈怀涛）

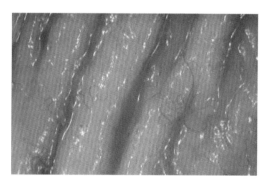

图3.67　皱胃中的奥斯特线虫

图3.68　慢性奥斯特线虫病引起结节性增生和黏膜增厚

死亡的重要原因之一。

【病原】

（1）捻转血矛线虫：寄生于真胃，偶见于小肠。在真胃中属大型线虫。虫体线状，呈粉红色，头端尖细，口囊小，内有斗角质背矛。雄虫长15～19毫米，其交合伞的背肋偏于左侧，呈倒"Y"字形。虫长27～30毫米，由于红色的消化管和白色的生殖管相互缠绕，形成红白相间的外观，俗称"麻花虫"。阴门位于虫体后半部，有二拇指状的阴门盖。虫卵大小为（75~95）微米×（40~50）微米，五色壳薄，新鲜虫卵内含16~32个胚细胞。

（2）奥斯特线虫：寄生于真胃。虫体呈棕色，亦称棕色胃虫，长4~14毫米。雄虫交合伞由两个大的侧叶和1个小的背叶组成。1对交合刺较短，末端分2~3叉。雌虫阴门在体后部，子宫内的虫卵较小。

（3）马歇尔线虫：寄生于真胃，似棕色胃虫，但虫体较大。雄虫交合伞宽，背叶不明显，具有附加背叶；其外背肋和背肋细长，发自同一基部；背肋远端分成两支，端部再分为两个小支；交合刺粗短，远端亦分3支。雌虫子宫内虫卵较大。

（4）毛圆线虫：寄生于小肠，偶可寄生于真胃和胰脏。虫体小，长5~6毫米，呈淡红色或褐色。口囊不明显，缺颈乳突。排泄孔位于体前端，呈一凹陷。雄虫交合伞侧叶大，背叶板不明显；交合刺粗短且带扭转。阴门开口于虫体后半部。

（5）细颈线虫：寄生于小肠或真胃，为小肠内中等大小的虫体。虫体前部呈细线状，后部较粗。雄虫交合伞有两个大的侧叶和1个小的背叶；1对交合刺细长，互相连结，远端包在一共同的薄膜内。雌虫阴门开口于虫体的后1/3，或1/4处；尾端钝圆，带有一小刺。虫卵大，产出时内含8个胚细胞，易与其他线虫卵区别。

（6）古柏线虫：寄生于小肠、胰脏，偶见于真胃。虫体呈红色或淡黄色，大小与毛圆线虫相似，前端角皮膨大，并具许多横纹，雄虫交合伞侧叶大、背叶小；背肋分叉为"U"字形，并有侧小分支；1对交合刺粗短。

（7）仰口线虫：寄生于小肠，虫体较粗大，前端弯向背面，故有钩虫之称。口囊大，内有齿及切板。雄虫交合伞发达，腹肋与侧肋起于同一总干，背肋系统的分枝不对称；有交合刺1对，等长，雌虫阴门位于虫体前1/3处的腹面，尾端尖细。

（8）食道口线虫：寄生于大肠。虫体较大，呈乳白色。头端尖细，口囊不发达，有内外叶冠及6个环口乳突。雄虫交合伞发达，分叶不明显，有交合刺1对。雌虫生殖孔开口处有肾状排卵器。由于其幼虫在发育时钻入肠壁形成结节，故又称结节虫。夏伯特线虫亦称阔口线虫，寄生于大肠。虫体大小近似食道口线虫；前端有半球形的大口囊，口孔由两圈小叶冠围绕。雄虫交合伞发达，1对交合刺较细。雌虫阴门靠近肛门。

（9）毛首线虫：寄生于盲肠。整个虫体形似鞭子，亦称鞭虫。虫体较大，呈乳白色，前部细长，为其食道部，约占虫体长度的2/3，后部粗大，为其体部。雄虫后端卷曲，有1根交合刺和能伸缩的交合刺鞘。雌虫尾直，末端钝圆，阴门位于虫体粗细交界处。

【生活史】

　　羊的各种消化道线虫均系土源性发育，即在它们的发育过程中不需要中间宿主的参加，家畜感染是由于吞食了被虫卵所污染的饲草、饲料及饮水所致，幼虫在外界的发育难以制约，从而造成了几乎所有羊只不同程度感染发病的状况（图3.69～图3.72）。上述各种线虫的虫卵随粪便排出体外，在外界适宜的条件下，绝大部分种类线虫的虫卵首先孵化出第一期幼虫，经过两次蜕化后发育成具有感染宿主能力的第三期幼虫。但毛首线虫的感染性幼虫是在虫卵内发育而成，并不孵化出来，在外界仅以感染性虫卵的形式存在。羊在吃草或饮水时如食入了线虫的感染性幼虫或感染性虫卵即被感染。仰口线虫的感染性幼虫除能经口感染外，还能直接钻入皮肤发生感染。病原进入羊体内后通常在它们各自的特定寄生部位再经两次蜕化，发育成为第五期幼虫，并逐渐发育为成虫。食道口线虫的感染性幼虫钻入大结肠和小结肠的固有膜深处形成包囊(结节)，幼虫在包囊内发育成第五期幼虫后才自结节中返回肠腔发育为成虫。

【流行病学特点】

　　病原有较强的产卵能力（5 000～10 000枚/天），虫卵对外界的抵抗力强，羊只感染率可达100%，多发生在春、夏、秋三季。

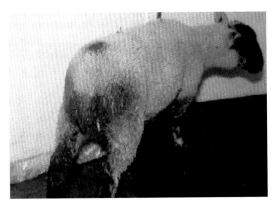

图3.69　细颈线虫病出现急性腹泻

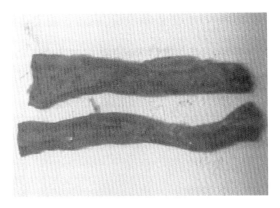

图3.70　细颈线虫病引起急性肠炎

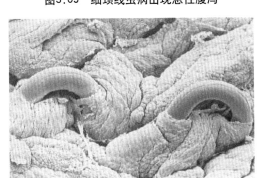

图3.71　毛圆线虫钻入黏膜层内

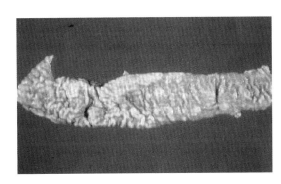

图3.72　毛圆线虫引起十二指肠黏膜增厚

【主要症状】

　　本病多为慢性疾病,通常在家畜抵抗力下降或营养不良时发病。病羊的主要症状表现为消化紊乱,胃肠道发炎,拉稀,消瘦;眼结膜苍白,贫血。严重病例下颌间隙水肿,机体发育受阻;少数病例体温升高,呼吸、脉搏频数及心音减弱,最终羊只因身体极度衰竭而死亡。

【剖检变化】

　　剖检可见消化道各部有数量不等的相应线虫寄生。尸体消瘦,贫血,内脏显著苍白,胸、腹腔内有淡黄色渗出液,大网膜、肠系膜胶样浸润,肝、脾出现不同程度的萎缩、变性，真胃黏膜水肿，有时可见虫咬的痕迹和针尖大到粟粒大的小结节，小肠和盲肠黏膜有卡他性炎症，大肠可见到黄色小点状的结节或化脓性结节以及肠壁上遗留下的一些瘢痕性斑点。当大肠上的虫卵结节向腹膜面破溃时，可引发腹膜炎和泛发性粘连；向肠腔内破溃时，则可引起溃疡性和化脓性肠炎。

【诊断要点】

　　无菌取病死绵羊心血、肺脏、肝脏涂片，经革兰氏染色后镜检，未见细菌；无菌取病死绵羊心血、肺脏、肝脏、肠系膜淋巴结，接种于普通营养琼脂培养基中37℃培养24小时，未见细菌生长，可排除细菌感染。

　　收集发病羊的粪便，于研钵中研磨，倒入饱和盐水搅拌均匀，自制的粪筛过滤，除去大块粪渣，滤液倒于另一烧杯中静止20～30分钟，经火焰消毒的铁丝环，直径约为5厘米，蘸取滤液表面，轻轻复落在准备好的载玻片上，盖上盖玻片，先在10倍物镜的显微镜下检测。然后放大于40倍物镜检测。结果可见很多线虫虫卵。

【防治措施】

　　（1）应在晚秋转入舍后和春季放牧前各进行1次驱虫，因地区不同，选择驱虫的时间和次数可根据具体情况酌定；羊应饮用干净的流水或井水；尽可能避免吃露水草和在低湿处放牧，以减少感染机会；粪便可进行堆肥发酵，以杀死虫卵；加强饲养管理，提高羊的抗病能力。

　　（2）治疗可选用下列药物：

　　1）丙硫咪唑：剂量按每千克体重5～20毫克，口服。

　　2）左咪唑：剂量按每千克体重5～10毫克，混饲喂给或做皮下肌内注射。

　　3）硫化二苯胺：剂量按每千克体重600毫克，用面汤做成悬浮液，灌服。

　　4）噻苯唑：剂量按每千克体重50毫克，口服。该药对毛首线虫效果较差。

　　5）精制敌百虫：剂量按绵羊每千克体重80～100毫克，山羊每千克体重50～70毫克，口服。

6）甲苯唑：剂量按每千克体重10～15毫克，口服。

7）硫酸铜：用蒸馏水配成1%溶液，剂量按大羊100毫升、中羊80毫升、小羊50毫升；山羊用量不得超过60毫升，灌服。

（二）捻转血矛线虫病

捻转血矛线虫病又称捻转胃虫病，牧区的绵羊和山羊发生相当普遍，能引起羊只的消瘦与死亡，特别是在每年春季为造成羊死亡的主要原因之一，对养羊业危害很大。

【病原及其形态特征】

病原为捻转血矛线虫（haemonchus contortus，捻转胃虫）。捻转胃虫寄生于羊的第四胃，是胃寄生虫中最大的一种。有时由于数目太多，也可在小肠内发现。雄虫长10～20毫米，为浅红色。雌虫长18～30毫米，从体表可见红白两色相扭缠，形成红白相间的外观；红色为充满血液的消化管，白色为生殖管，因此有些群众称之为"麻花虫"。阴门位于虫体后半部，有一拇指状阴门盖。

虫卵呈卵圆形，为淡黄色，长为75～95微米，宽40～50微米，初排出的卵中有24个以上的卵细胞。

【生活史】

捻转胃虫的繁殖力很强，每虫每日可产卵5 000～10 000个。在适宜温度下(26℃)19小时即可孵化。

（1）卵随粪便排出体外，如果温度和湿度都适宜，一昼夜内即孵出幼虫，经两次蜕化，在一周左右发育成为侵袭性幼虫。卵在牧场上能生活2～3个月。

（2）幼虫在足够的湿度及弱光线下，向着草叶的上部移行，如果草上的湿度消失，光线变强，幼虫就移回草根泥土中。由此可知幼虫活动最强的时间是早晨，其次是傍晚，这些时间段也正是感染的适宜时机。

（3）当羊只吞入这些侵袭性幼虫时，即受到感染。在正常情况下，幼虫在羊体内25～35天即发育为成虫，而且大量产出虫卵。

【临床症状】

（1）急性：最引人注意的是肥胖羔羊的突然死亡。如果检查同群中其他羔羊，可发现结膜高度贫血（图3.73）。粪便干硬而少，时常便秘。如有下痢，也是因为初吃青草，或者有毛圆线虫混合感染。

（2）慢性：病羊食欲减退，精神迟钝，喜欢孤立，放牧时常落在群后。羊毛干而脆。黏膜高度贫血，下痢便秘交替发生。因为血液稀薄，液体外漏而发生典型的颌下、胸下或腹下水肿（图3.74）。水肿常在夜间自然消失。病羊逐渐消瘦，行走不稳，最后由于极度衰竭而死亡。

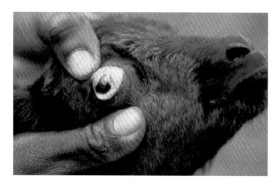

图3.73　急性感染时可视黏膜苍白

图3.74　病羊下颌水肿

【剖检】

尸体消瘦贫血，内脏显著苍白。胸、腹腔及心包积水。大网膜和肠系膜胶样浸润。肝脏呈浅灰色，脆弱易烂。第四胃黏膜水肿，有虫引起的伤痕和浅溃疡，胃内容物呈浅红色，含有大量虫体（图3.75～图3.77）。

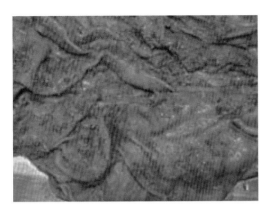

图3.75　皱胃黏膜内可见大量的虫体

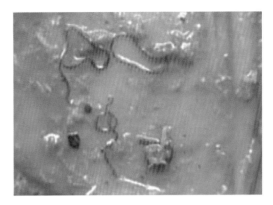

图3.76　皱胃黏膜表面可见虫体

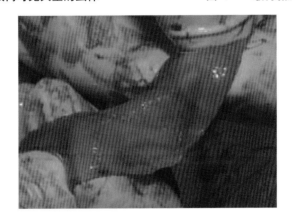

图3.77　病羊小肠出现卡他性炎症

【诊断】

临床症状及虫卵都无显著特征，只有采用以下方法进行确诊：

（1）尸体剖检：发现有大量成虫寄生。

（2）幼虫培养：取病羊粪便，与土壤混合，盛入培养皿中，在25～30℃及60%～70%的湿度下，培养4～5天，收集幼虫镜检。

【预防治疗】

(1) 预防:

1) 加强饲养管理及卫生工作:保持羊舍清洁干燥,注意饮水卫生,对粪便进行发酵处理,杀死其中虫卵。

2) 进行计划性驱虫:在牧区,根据四季牧场轮换规律安排驱虫;在不是常年放牧的地区,于春季出牧之前和秋冬转入舍饲以后的两周内各进行一次驱虫。

3) 进行药物预防:在严重感染地区,放牧季节内应按捻转胃虫的季节动态和牧场轮牧情况,在一定阶段内连续内服少量吩噻嗪(硫化二苯胺)。用量为每天成年羊1.0克,羔羊0.5克,混入食盐或精料内自由采食。吩噻嗪在羊体内可制止成虫排卵,随粪排出后可阻止幼虫发育,故可达到预防目的。也可以用噻苯唑进行药物预防。

4) 合理轮牧:在温暖季节,从虫卵发育到可感染幼虫,一般需要一周左右,因此为了防止羊受感染,应该每5~6天换一次牧场。

(2) 治疗:治疗本病可选用下列药物:

1) 口服丙硫咪唑:按5~20毫克/千克体重。

2) 口服吩噻嗪:按0.5~1.0克/千克体重,混入稀面糊中或用面粉做成丸剂饲用。奶羊应避免饲用,因可使奶汁变为淡红色,并发生石灰渣样沉淀。

3) 口服噻苯唑:按50~100毫克/千克体重。对成虫和未成熟虫体都有良好效果。

4) 驱虫净(四咪唑):对成虫和未成熟虫体都有良好效果。按10~15毫克/千克体重,配成5%的水溶液灌服。

应该注意的是,各种驱虫药要交替使用,因为经验证明,连续应用同一种驱虫药时,效果会逐渐降低。

（三）羊疥螨病

羊疥螨病又称羊疥癣、疥虫病、疥疮等，是由疥螨和痒螨寄生于体表而引起的慢性寄生虫病，具有高度传染性，常在短期内引起羊群严重感染，危害十分严重。疥螨对山羊危害严重，而痒螨最易感染绵羊；改良后的细毛和半细毛杂交羊，因其毛密毛长，更易发生此病。

【病原】

（1）疥螨：疥螨寄生于皮肤角化层下，并不断在皮内挖凿隧道，虫体即在隧道内不断发育和繁殖。疥螨的成虫形态特征为：虫体小，长0.2～0.5毫米，肉眼不易看见；虫体呈圆形，浅黄色，体表生有大量小刺；前端口器呈蹄形铁；虫体腹面前部和后部各有两对粗短的足，后两对足不突出于体后缘之外。每对足上均有角质化的支条，第一对足的后支条在虫体中央并成一条长杆，第三、第四对足上的后支条，在雄虫是互相连接的。雌虫第一、第二对足及雄虫第一、第二、第四对足的末端具有与不分节柄连接的钟形吸盘，无吸盘足的末端则生有长刚毛。

（2）痒螨：痒螨寄生在皮肤表面。虫体呈长圆形，较大，长0.5～0.9毫米，肉眼可见。口器长，呈圆锥形。4对足细长，尤其前两对更为发达。雌虫第一、第二、第四对足和雄虫前足有细长的柄和吸盘，柄分3节。雌虫第三对足上有两根长刚毛；雄虫第四对足短且无吸盘和刚毛，尾端有两个尾突，在尾突前方腹有两个性吸盘。

【生活史】

疥螨与痒螨的全部发育过程都在宿主体上度过，包括虫卵、幼虫、若虫和成虫四个阶段，其中雄螨有1个若虫期，雌螨有两个若虫期。疥螨的发育是在羊的表皮内不断挖凿隧道，并在隧道中不断繁殖和发育，完成一个发育周期需8～22天。痒螨在皮肤表面进行繁殖和发育，完成一个发育周期为10～12天。本病的传播是由于健畜与患畜直接接触，或通过被螨及其卵所污染的厩舍、用具的间接接触引起感染。

本病主要发生于冬季和秋末、春初。发病时，疥螨病一般始发于皮肤柔软且毛短的部位，如嘴唇、口角、鼻面、眼圈及耳根部，以后皮肤炎症逐渐向周围蔓延；痒螨病则起始于被毛稠密和温度、湿度比较恒定的皮肤部位，如绵羊多发生于背部、臀部及尾根部，以后才向体侧蔓延。

【流行病学特点】

本病主要发生于冬季和秋末春初。发病时，疥螨病一般始发于羊皮肤柔软且短毛的部位，如嘴唇、口角、鼻面、眼圈及耳根部，以后皮肤炎症逐渐向周围蔓延；痒螨病则起始于被毛稠密和温度、湿度比较恒定的皮肤部分，如绵羊多发生于背部、臀部及尾根部，以后才向体侧蔓延。

【临床症状】

本病初发时，因虫体小刺、刚毛和分泌的毒素刺激神经末梢，引起剧痒，可见羊不断在圈墙、栏柱等处摩擦；在阴天、夜晚、通风不好的圈舍及随着病情的加重，痒觉表现更为剧烈，继而出现丘疹、结节、水疱，甚至脓疱；以后形成痂皮和龟裂（图3.78、图3.79）。

图3.78 严重的瘙痒症状，在圈墙、栏柱等处摩擦

图3.79 病羊出现丘疹、结节、水疱，甚至脓疱；以后形成痂皮和龟裂

当患疥螨病时，常始发于羊皮肤柔软且毛稀短的部位，主要是头部如嘴唇、口角、鼻面及耳根部等，病变逐渐向周围蔓延形成如干涸的石灰，故称"石灰头"。

当患痒螨病时，病始发于被毛稠密和温度、湿度比较恒定的皮肤部分，如背部、臀部及尾根处，以后再向体侧蔓延。严重者，可见患部有大片被毛脱落（图3.80）。

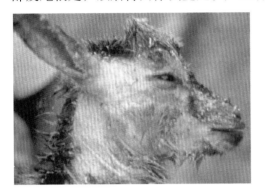

图3.80 羊头颈部大片被毛脱落

图3.81 微黄色甲皮微微隆起

羔羊生后与患病母羊接触，很快感染发病，常用口啃咬或蹄蹬患处，羊毛湿润，冬季患处挂白霜。

【诊断要点】

根据羊的症状表现及疾病流行情况，刮取皮肤组织找病原，以便确诊。其方法是：用经过火焰消毒的凸刃小刀，涂上50%甘油水溶液或煤油，在皮肤的患部与健康部的交界处刮取皮屑，要求一直刮到皮肤轻微出血为止。刮取的皮屑放入10%氢氧化钾或氢氧化钠溶液中煮沸，待大部分皮屑溶解后，经沉淀取其沉渣镜检虫体。无此条件时，亦可将刮取物置于平皿内，把平皿在热源上稍微加温或在日光下照晒后，将平皿放在黑色背景上，用放大镜仔细观察，有无螨虫在皮屑间爬动。

【鉴别诊断】

（1）与湿疹的鉴别：湿疹痒觉不剧烈，且不受环境、温度影响，无传染性，皮屑内无虫体。

（2）与秃毛癣的鉴别：秃毛癣患部呈圆形或椭圆形，境界明显，其上覆盖的浅黄色干痂易于剥落，痒觉不明显。镜检经10%的氢氧化钾处理的毛根或皮屑，可发现癣菌的孢子或菌丝。

（3）与虱和毛虱的鉴别：虱和毛虱所致的症状有时与螨病相似，但皮肤炎症、落屑及形成痂皮程度较轻，容易发现虱及虱卵，病料中找不到螨虫。

【防治措施】

（1）预防：①每年定期对羊群进行药浴，可取得预防和治疗的双重效果。②对新购入的羊应隔离检查，确定无疥螨寄生后再混群饲养。③圈舍应经常保持干燥、通风，并定期清扫和消毒。④对患病羊要及时隔离治疗，对圈舍、用具等进行消毒，以防病原散布。

（2）治疗：①药浴疗法。适用于病羊数量及气候温暖的季节。大规模药浴之前应对所选药物做小批安全试验（图3.82、图3.83）。为了避免中毒，必须在晴天进行药浴，浴后将羊放在阴凉处，等药干以后再去放牧，药浴时间为1～2分钟。注意：浸泡羊头部；药浴前让羊饮足水，以防误饮药液，通常进行两次，间隔7天。常用药物为0.05%的溴氰菊酯水乳剂。②注射疗法：适用于各种情况的螨病治疗，效果良好。常用药物为阿维菌素，剂量为0.2毫

图3.82　药浴前让羊群经过粗糙的石头路面

图3.83　实施药浴前需要进行小批量试验

124

克/千克体重，1次皮下注射。本品也有粉剂可供内服和浇泼，效果完全一样。

（四）羊球虫病

球虫病又称出血性腹泻或球虫性痢疾，是由艾美耳球虫属的多种球虫寄生于肠道所引起的以下痢、便血为主要特征的羊原虫病，本病危害山羊和绵羊，其中对羔羊危害严重，最常见于舍饲的1～4月龄的羔羊和幼羊。

【病原及其形态特征】

病原为艾美尔属球虫。几乎各种动物都有自己的球虫品系，例如兔和鸡的球虫并不危害山羊，绵羊球虫对山羊的致病力可疑。在英国，对山羊危害的球虫有阿尔氏艾美尔球虫（*eimeria ar1oingi*）、浮氏艾美尔球虫（*E.faurei*）和克氏艾美尔球虫（*E.christensi*）。在我国内蒙古发现的山羊球虫有5种，其中致病力较强的有4种。

【生活史】

球虫为单细胞寄生虫，寄生于羊的小肠上皮细胞中。它的发育分为羊体内和体外两个阶段。

（1）羊体内阶段：称为内生性发育阶段。当羊吞入卵囊后，通过胃进入肠道，卵囊破裂，则球虫在肠上皮细胞中进行裂体生殖。分裂的子体进入新的上皮细胞，再经过若干代而形成卵囊。卵囊落入肠道，随粪便排出体外。

（2）羊体外阶段：称为外生性发育阶段。排到体外的卵囊，在潮湿温暖环境中，经3～4天形成4个孢子囊。每个孢子囊中又含2个子孢子，便形成子卵囊，生殖阶段到此宣告结束。

当健羊随饲料吃了排出的卵囊以后，球虫又开始新的二阶段发育，进行另一个生活史的循环。如此反复，扩大感染，导致本病的流行。

本病多发生于多雨炎热的水草旺季，在羊舍不卫生及羊体抵抗力降低的情况下，极易诱发病的流行。

【流行病学特点】

　　各品种的绵羊、山羊对球虫病均有易感性。羔羊极易感染，时有死亡。成年羊一般都是带虫者。流行季节多为春、夏、秋潮湿季节。冬季气温低，不利于卵囊发育，很少感染。羊舍不卫生，草料、饮水和哺乳母羊的奶头被粪便污染，都可传播此病。在突然变更饲料和羊抵抗力降低的情况下也易诱发本病。

【临床症状】

　　球虫主要侵害羊肠黏膜上皮细胞，所以该病的症状主要为腹泻、肠炎等。潜伏期11～18天。羔羊发病多为急性病程。病羊先出现软便，粪不成粒状，有的带血，但精神、食欲不见异常。3～5天后开始下痢，粪便由粥样到水样，黄褐色或黑色，混有黏液，沾污尾根，大腿内侧及附关节以下的被毛气味腥臭。体温39.5～40.5℃。食欲减退或消失，饮欲增加，哀叫卧地，消瘦贫血，红细胞数降至500万，血红蛋白降低35%。急性的2～3天内死亡，临死前体温骤降。病程长的7～10天死亡。耐过羊大多发育不良。隐性感染的成年羊临床上无异常表现，体温、食欲、精神均保持正常，但粪便中能检出大量的球虫卵囊。

【剖检】

　　尸体后躯被稀粪或血粪污染，有恶臭，天暖时还可能含有蛆。主要病损见于消化道，其突出表现为肠炎和结肠炎。有时在回肠和结肠有许多白色结节，存在于浆膜和黏膜表面，直径1～3毫米，都是由大配子浓集形成的病灶。回盲瓣、盲肠、结肠和直肠可能出现糜烂或直径1～10毫米的溃疡。黏膜刮屑内通常含有卵囊。组织切片常可观察到裂殖体或孢子，黏膜下可能有出血、溃疡和坏死（图3.84～图3.87）。

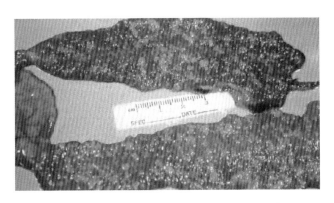

图3.84　肠黏膜层可见像蘑菇生长样的坏死结节

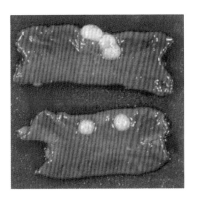

图3.85　肠黏膜层痘样坏死结节

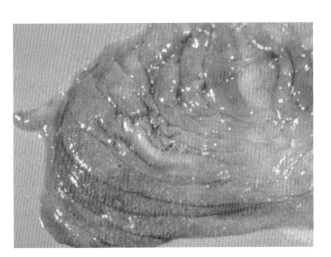

图3.86　皱胃灰白色小病灶

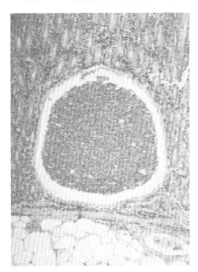

图3.87　皱胃组织中的球虫（HE染色）

【诊断要点】

　　根据流行病学和症状特点及剖检病变等可做出诊断。对急性型，可应用饱和盐水漂浮法检查新鲜羊粪，如发现有大量卵囊，即可确诊；而6～12周龄的腹泻应主要考虑胃肠道寄生虫病。

【防治措施】

（1）预防：应采取隔离、卫生和预防性治疗等综合防治措施。

1）成年羊是球虫的散播者，最好将羔羊隔离饲养管理。

2）羊球虫以孢子化卵囊对外界的抵抗力很强，一般消毒药很难将其杀死，对圈舍和用具，最好用70～80℃及以上热水或热碱水，经常保持圈舍及周围环境的卫生，通风干燥，每天清除粪便，进行堆积生物热消毒。

3）也可采取提前使用抗球虫药物进行预防。

（2）治疗：

1）呋喃唑酮：按每千克体重7～10毫克，口服，连用7天。

2）磺胺二甲嘧啶：按每千克体重第1天为0.2克，以后改为0.1克，连用3～5天，对急性病例有效。

3）磺胺与甲氧嘧啶加增效剂：按5：1比例配合，按每天每千克体重0.1克剂量内服，连用2天有治疗效果。

4）磺胺喹恶啉：按每千克体重12.5毫克，配成10%溶液灌服，每天2次，连用3～4天。

5）氨丙啉：按每天每千克体重20毫克，连用5天。

6）鱼石脂20克，乳酸2毫升，水80毫升，配成溶液，内服，每次每只羊5毫升，每天2次。

7）硫化二苯胺：每千克体重0.2～0.4克，每天1次，内服，使用3天后间隔1天。

8）氯霉素：按每天每千克体重0.33～1毫克，连用2～3周有效。

（五）肉孢子虫病

肉孢子虫病是绵羊的一种慢性无症状性疾病，以心肌与骨骼肌中形成包囊为特征。本病在所有品种和性别的绵羊均可发生，但在4～7岁的绵羊中传染更为广泛。

【病原及其形态特征】

　　绵羊的病原为特南纳住肉孢子虫。该虫主要寄生在羊的心肌、食道和骨骼肌细胞，在肌肉细胞内形成椭圆形包囊，成熟时含有数百个裂殖子，长达1厘米。由寄生虫和宿主产生的包囊壁向内部伸展的绒毛占据周围细胞的空泡，向外伸展形成隔膜。

【生活史】

　　当犬和猫吃了绵羊和牛肌肉中的肉孢子虫后。经7～10天肉孢子虫的孢子囊由粪便中排出。

　　当绵羊吃下犬、猫粪中的孢子囊时，肉孢子虫裂殖体和包囊便在羊的肌肉中形成。这说明肉孢子虫是一种2个宿主的寄生虫，它在草食动物肌肉中经历裂殖生殖、在肉食动物肠道中进行孢子生殖。

【临床症状】

　　轻度感染不显症状。严重感染时，羊表现不安，无力，肌肉僵硬，食欲不振，发热，贫血，淋巴结肿大，腹泻，发育不良，有的跛行，后肢瘫痪，共济失调（图3.88、图3.89）。母羊可引起流产。部分严重病羊可发生死亡。

图3.88　局部麻痹、卧地

图3.89　共济失调、站立不稳

【诊断】

对屠宰绵羊与死亡绵羊尸检时，根据位于食道、腹部、膈膜和腰肌中的椭圆形、灰色、坚硬的包囊（图3.90～图3.93）可以做出诊断。由包囊切片中或包囊横切抹片中裂殖子的鉴定可进一步确诊。感染刺激形成的血清学凝集素，可用于帮助鉴定发现感染的动物，为此可用孢子囊作为抗原，用间接血凝和间接荧光抗体试验诊断。

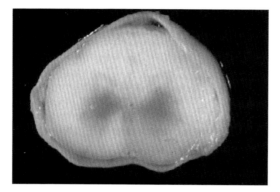

图3.90 脊髓局灶性病变

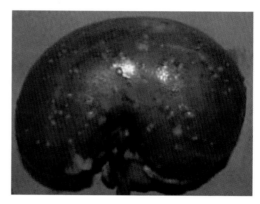

图3.91 肾脏表面布满了囊包体

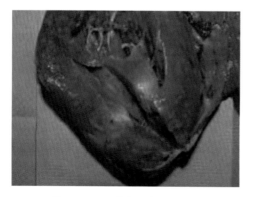

图3.92 心脏表面布满了包囊体

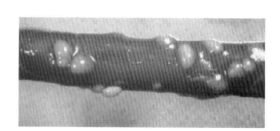

图3.93 食道内成熟孢子

而死亡。当发生泡沫性鼓气时，有泡沫状唾液从口中逆流出，瘤胃穿刺仅能放出少量气体。

【病理变化】

死后立即剖检的病例，瘤胃壁过度扩张，充满大量气体及含有泡沫的内容物。死后数小时剖检，瘤胃内容物无泡沫，间或有瘤胃或膈肌破裂。瘤胃腹囊黏膜有出血斑，甚至黏膜下瘀血，角化上皮脱落。肺脏充血，肝脏和脾脏被压迫呈贫血状态，黏膜下出血等。

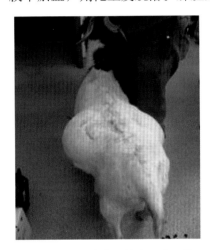

图4.4 腹围膨大，站立不动，背拱起，头常弯向腹部

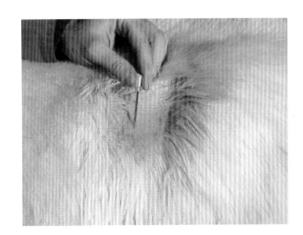

图4.5 用大号针头做瘤胃穿刺放气

【诊断要点】

急性瘤胃鼓气，病情急剧，根据病史，采食大量易发酵饲料发病，腹部膨胀，左旁腰窝突出，血液循环障碍，呼吸极度困难，易于确诊。在临诊时，应注意与前胃弛缓、瘤胃积食、创伤性网胃腹膜炎、食管阻塞以及白苏中毒和破伤风等疾病进行鉴别诊断。

【防治措施】

（1）预防：加强饲养管理，增强前胃神经反应性，促进消化功能，保持其健康水平。此病大都与放牧不小心和饲养不当有关。因此，为了预防鼓胀，必须防止羊只采食过多的豆科牧草，不喂霉烂或易发酵的饲料，不喂露水草，少喂难以消化和易鼓胀的饲料。

(2) 治疗：根据气胀的程度采用不同的疗法。

1) 轻度气胀，可强迫喂给食盐颗粒25克左右，或者灌给植物油100毫升左右。也可以用酒、醋各50毫升，加温水适量灌服。

2) 剧烈气胀，可将羊的前腿提起，放在高处，给口内放以树枝或木棒，使口张开，同时有规律地按压左胁腹部，以排出胃内气体。然后采用以下方法：①松节油或鱼石脂5毫升／千克、薄荷油3毫升、石蜡油80~100毫升加水适量灌服，若半小时以后效果不显著，可再灌服一次。②从口中插入橡皮管，放出气体，同时由此管灌入油类60~90毫升。③灌服氧化镁：氧化镁是最容易中和酸类并吸收二氧化碳的药物，对治疗鼓气的效果很好。其剂量根据羊的大小而定，一般小羊用4~6克，大羊为8~12克。④植物油或液状石蜡100毫升、芳香亚醅10毫升、松节油(或鱼石脂)5毫升、酒精30毫升一次灌服。或二甲基硅油0.5~1毫升，或2%聚合甲基硅香油25毫升，加水稀释，一次灌服。

3) 土方：①烟叶、花椒各200克煎服。②萝卜籽300克，大蒜头120克，捣碎加芝麻油150毫升，调匀口服。③臭椿皮或叶250克，捣烂口服。④熟石灰120克，豆油300毫升，调匀口服。

4) 若病势非常严重，应迅速施行瘤胃穿刺术。利用套管针做瘤胃穿刺放气（图4.5）。套管针穿刺部位选择在左侧肷窝鼓气最明显的部位，先对局部剪毛消毒，再用柳叶刀切皮肤一小口，将套管针刺入皮下直到穿透瘤胃壁，最后将套管针针栓拔出，让套管留在腹壁上，但切不可使套管向外脱出。同时由套管向瘤胃内注入一些止酵剂。泡沫性鼓气时，有小泡沫及饲料渣堵塞针管，放气效果不好时，注入止酵剂。

（四）瘤胃积食

羊瘤胃积食俗称宿草不转，以瘤胃内容物大量积滞，容积增大，胃壁受压及运动神经麻痹，引起以消化不良为主的疾病。该病临床特征为反刍、嗳气停止，瘤胃坚实，疝痛，瘤胃蠕动极弱或消失。

【病因】

羊吃了过多的质量不良、粗硬易膨胀的饲料，如块根类、豆饼、霉败饲料等，或采食干料而饮水不足等引起。另外，由于过食谷物引起消化不良，常使碳水化合物在瘤胃中产生大量乳酸，导致机体酸中毒。这一过程是先在瘤胃中形成大量的乳酸，呈现瘤胃弛缓、瘤胃渗透压增高的酸中毒和瘤胃炎。有人试验过食的致死量是，营养差的绵羊，小麦片每千克体重50~60克；营养良好的绵羊每千克体重75~80克。当前胃弛缓、瓣胃阻塞、创伤性网胃炎、腹膜炎、真胃炎、真胃阻塞时也可导致瘤胃积食的发生。

【临床症状】

表现程度因病因及胃内容物分解毒物被吸收的轻重而不同。病羊精神委顿，食欲不振，反刍停止。病初不断嗳气，随后嗳气停止，腹痛摇尾，弓背，回头顾腹，呻吟哞叫。病羊鼻镜干燥，耳根发凉，口出臭气，有时腹痛，用后蹄踢腹，排粪量少而干黑，听诊瘤胃蠕动音减弱、消失；左侧腹下轻度膨大，肷窝略平或稍凸出，触诊瘤胃胀满、坚实，似面团感觉，指压时有压痕。呼吸迫促，脉搏增数，黏膜深紫红色。当过食引起瘤胃积食发生酸中毒和胃炎时，精神极度沉郁，瘤胃松软积液，手拍击有拍水感，病羊卧地，腹部紧张度降低，有的可能表现视觉扰乱，盲目运动。全身症状加剧时，四肢颤抖，常卧地不起，呈昏迷状态。

【诊断要点】

瘤胃积食根据其发生原因，过食后发病，瘤胃内容物充满而硬实（图4.6、图4.7），食欲、反刍停止等特征，可以确诊。但是也易与下列疾病混淆，故须鉴别诊断。

（1）前胃弛缓：食欲、反刍减退，瘤胃内容物呈粥状，不断嗳气，并呈现瘤胃间歇性鼓胀。

（2）急性瘤胃鼓胀：病程发展急剧，肚腹显著肿胀，瘤胃壁紧张而有弹性，叩诊呈鼓音，血液循环障碍，呼吸困难。

（3）创伤性网胃炎：网胃区疼痛，姿势异常，神情忧郁，头颈伸张，嫌忌运动，周期性瘤胃鼓胀，应用副交感神经兴奋药物病情显著恶化。

（4）皱胃阻塞：瘤胃积液，左下腹部显著膨隆，皱胃冲击性触诊，腰旁窝听诊结合叩诊，呈现叩击钢管的铿锵音。

此外，还须注意与皱胃变位、肠套叠、肠毒血症、生产瘫痪、子宫扭转等疾病进行鉴别，以免误诊。

图4.6　瘤胃内容物干燥、坚实

图4.7　瘤胃胀满、坚实，似面团

【防治措施】

（1）预防：应从饲养管理上着手。避免大量给予纤维干硬而不易消化的饲料，对可口喜吃的精料要限制给量；严防偷食豆、谷类粮食，适度劳役。冬季由放牧转舍饲时，应给予充足的饮水，并应创造条件供给温水，尤其是饱食以后不要给大量冷水。

（2）治疗：

1）治疗原则应消导下泻，止酵防腐，纠正酸中毒，健胃补液。消导下泻，石蜡油100毫升、硫酸镁50克、加水500毫升，1次灌服；瘤胃兴奋剂：用0.1%新斯的明注射液2～4毫克，2小时重复1次。亦可静注即10%氯化钠20毫升、生理盐水注射液100毫升、10%氯化钙10毫升，混合后1次静脉注射；纠正酸中毒，5%的碳酸氢钠100毫升，5%的葡萄糖200毫升，1次静脉注射；心脏衰弱时，可用10%樟脑磺酸钠4毫升，静脉或肌内注射；呼吸系统和血液循环系统衰竭时，可用尼可刹米注射液2毫升，肌内注射。

2）人工盐50克、大黄末10克、龙胆末10克、复方维生素B50片，一次灌服。吐酒石（酒石酸锑钾）0.5～0.8克、龙胆酊20克，加水200毫升，一次灌服。

3）陈皮10克、枳壳6克、枳实6克、神曲10克、厚朴6克、山楂10克、萝卜籽10克，水煎取汁，制成健胃散，灌服。

4）试用中药大承气汤：大黄12克、芒硝30克、枳壳9克、厚朴12克、玉片1.5克、香附子9克、陈皮6克、千金子9克、青葙3克、二丑12克，煎水，1次灌服。严重积食而药物治疗无效时，即速进行瘤胃切开术，取出内容物。

（五）前胃弛缓

前胃弛缓又称前胃虚弱，是前胃神经兴奋性降低，收缩力减弱，使前胃食物不能正常消化和后移所致。通常属于机能性，因此并无炎症、变性等病理损害，亦可作为消化不良的综合征。临床特征为正常的食欲、反刍、嗳气紊乱，胃蠕动减弱或停止，可继发酸中毒。本病在冬末、春初饲料缺乏时最为常见。

【病因】

病因比较复杂，一般分为原发性和继发性两种。

（1）原发性前胃弛缓：亦称为单纯性消化不良，病因都与饲养管理和自然气候的变化有关。

1）饲草过于单纯：长期饲喂粗纤维多，营养成分少的饲草，消化功能陷于单调和贫乏，一旦变换饲料，即引起消化不良；草料质量低劣；冬末、春初因饲草饲料缺乏，常饲喂一些纤维粗硬、刺激性强、难于消化的饲料，也可导致前胃弛缓。

2）饲料变质：受过热的青饲料、冻结的块根，霉败的酒糟以及豆饼、花生饼等，都易导致消化障碍而发生本病；矿物质和维生素缺乏，特别是缺钙，引起低血钙症，影响到神经体液调节功能，成为该病主要发病因素之一。另外，饲养失宜、管理不当、应激反应等因素，也可导致本病的发生。

（2）继发性前胃弛缓：患有瘤胃积食、瘤胃鼓气、胃肠炎和其他多种内科、外科和某些寄生虫病时也可继发前胃弛缓。

【临床症状】

前胃弛缓按其病情发展过程，可分为急性和慢性两种类型。

（1）急性前胃弛缓：表现为食欲减退或废绝，反刍和瘤胃蠕动次数减少或消失。瘤胃内容物腐败发酵，产生多量气体，左腹增大，叩触不坚实。

（2）慢性前胃弛缓病：羊前期表现为精神沉郁，倦怠无力，喜卧地，被毛粗乱，

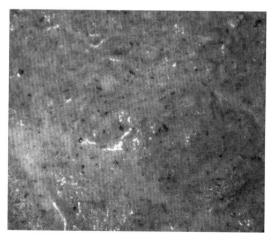

图4.8　瘤胃内容物腐败发酵，形成泡沫样内容物

体温、脉搏、呼吸无变化，食欲减退，反刍缓慢，磨牙，空嚼异嗜；瘤胃蠕动力量减弱，次数减少。病至中后期，病羊表现为粪便少而干，呈黑褐色被覆黏液，有时继发中毒性瘤胃炎或迷走神经性消化不良，如口臭、逆呕、呕吐物呈糊状、恶臭，类似粪便。若为继发性前胃弛缓，常伴有原发病的特征性症状。死前末梢变冷，脱水，体温下降，卧地不起。

【病理变化】

原发性前胃弛缓，病情轻，很少死亡。重剧病例，发生自体中毒和脱水时，多数死亡。主要病理变化，瘤胃和瓣胃胀满，皱胃下垂，其中瓣胃容积甚至增大3倍，内容物干燥，可捻成粉末状；瓣叶间内容物干涸，形同胶合板状，其上覆盖脱落上皮及成块的瓣叶。瘤胃和瓣胃露出的黏膜潮红，具有出血斑，瓣叶组织坏死、溃疡和穿孔。有的病例有局限性或弥漫性腹膜炎以及全身败血症等病变。

【诊断要点】

根据病因、症状等综合判定。检测瘤胃内容物性状变化，可作为诊疗的依据。

瘤胃液pH值降至5.5以下，纤毛虫数量减少、活力降低，纤维素消化试验时间延长，瘤胃液沉淀活性试验时间延长。但须与某些其他疾病引起的症候性前胃弛缓区别。

【防治措施】

（1）预防：加强饲养管理，避免各种应激因素的刺激。注意饲料的配合，防止长期饲料过硬、难消化或单一劣质的饲料，切勿突然改变饲料或饲养条件。应保证充足的饮水，并创造条件供给温水。防止过劳或运动不足，及时治疗继发本病的其他疾病。

（2）治疗：治疗原则是排除病因，加强护理，增强瘤胃功能及对症治疗。一般先投泻剂，兴奋瘤胃蠕动，防腐止酵。成年羊可用硫酸镁20～30克或可用人工盐20～30克，加液状石蜡100～200毫升，番木鳖酊2毫升、大黄酊50毫升，加水500毫升，1次灌服；或用胃肠活2包，陈皮酊10毫升，姜酊5毫克，龙胆酊10毫升加水1次灌服。瘤胃兴奋剂，可用0.1%新斯的明注射液2～4毫克，2小时重复一次。更安全的药物是静脉注射复方高渗盐水溶液，即10%氯化钠20毫升、生理盐水注射液100毫升、10%氯化钙10毫升混合后1次静脉注射。

防止酸中毒可灌服碳酸氢钠10～15克，可用大蒜酊20毫升、龙胆末10克、豆蔻酊10毫升加水适量，1次灌服。

（六）瓣胃阻塞

瓣胃阻塞又称瓣胃秘结，中兽医称为"百叶干"，是由于瓣胃收缩力量减弱，食物排出不充分，通过瓣胃的食糜积聚，充满于瓣叶之间，水分被吸收，内容物变干及瓣胃肌麻痹和小叶压迫性坏死的一种严重疾病。其临床特征为瓣胃容积增大、坚硬，腹部胀满，不排粪便。原发性病例不多，可在前胃运动功能障碍时继发。

【病因】

本病主要是由于饲喂过多秕糠、粗纤维饲料而饮水不足所引起；或饲料和饮水中混有过多泥沙，使泥沙混入食糜，沉积于瓣胃瓣叶之间而发病。瓣胃阻塞还可继发于前胃弛缓、瘤胃积食、皱胃阻塞和皱胃与腹膜粘连等疾病。

【临床症状】

病的初期与前胃弛缓症状相似，瘤胃蠕动减弱，瓣胃蠕动消失，可继发瘤胃鼓气和瘤胃积食。病羊发病初期，鼻镜干燥，食欲、反刍缓慢；粪便干少、色黑。瓣胃完全阻塞后，食欲、反刍停止，呈现空口咀嚼、磨牙，全身脱水，鼻镜干裂，尿少而黄，粪少而干，形成饼状或粟状，时有努责和疼痛。

瓣胃检查：触压病羊右侧7～9肋间，肩关节水平线，羊表现痛苦不安，有时可在右肋骨弓下摸到阻塞的瓣胃。

直肠检查：直肠空虚，有黏液，并有少量暗褐色粪块附着于直肠壁。

如病程延长，瓣胃小叶发炎或坏死，常可继发败血症，可见病羊体温升高，呼吸和脉搏加快，全身衰弱，卧地不起，最后死亡。

【病理变化】

瓣胃内容物充满、坚硬，其容积增大1~3倍（图4.9）。重剧病例，瓣胃邻近的腹膜及内脏器官，多具有局限性或弥漫性的炎性变化。瓣叶间的内容物干涸，形似纸板，可碾成粉末状。瓣叶上皮脱落为菲薄，有溃疡、坏死灶或穿孔。此外，肝脏、脾脏、心脏、肾脏以及胃肠等部分，具有不同程度的炎性病理变化。

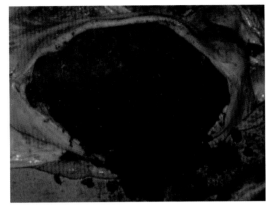

图4.9 瓣胃内容物充满、坚硬，其容积增大

【诊断要点】

瓣胃阻塞多与前胃其他疾病和皱胃疾病的病证颇为相似，临床诊断有时困难。虽然如此，仍可根据病史调查和临床症状，如瓣胃蠕动音低沉或消失，触诊瓣胃敏感性增高，叩诊浊音区扩大，粪便细腻，纤维素少、黏液多等表现，结合瓣胃穿刺诊断。必要时进行剖腹探诊，可以确诊。还应注意与前胃弛缓、瘤胃积食、创伤性网胃腹膜炎、皱胃阻塞、便秘以及可伴发本病的某些急性热性病进行鉴别诊断，以免误诊。

【防治措施】

(1) 预防：避免给羊过多饲喂秕糠和坚韧的粗纤维饲料，应给予营养丰富的饲料，注意补充矿物质饲料，供给充足清洁的饮水，正确管理，防止导致前胃弛缓的各种不良因素。注意运动和饮水，增进消化功能，防止过劳和缺乏运动。发生前胃弛缓时，应及早治疗，防止发生本病。

(2) 治疗：应以软化瓣胃内容物为主，辅以兴奋前胃运动功能，促进胃肠内容物排出。

1）病的初期可用硫酸钠或硫酸镁20～30克，加水300～500毫升，一次内服；或液状石蜡100～150毫升，一次内服。同时可用10%氯化钙10毫升、10%氯化钠50～100毫升、5%葡萄糖生理盐水150～300毫升，混合1次静脉注射；增强前胃神经兴奋性，促进前胃内容物的运转与排出。

2）对顽固性瓣胃阻塞，可用瓣胃注射疗法。具体方法是：于右侧第9肋间隙和肩关节水平线交界处，选用12号7厘米长针头，向对侧肩关节方向刺入约4厘米深，刺入后可先注入20毫升生理盐水，感到有较大压力，并有草渣流出，表明已刺入瓣胃，然后注入25%硫酸镁溶液30～40毫升，液状石蜡100毫升(交替注入瓣胃)，于第二天再重复注射1次。瓣胃注射后，10%氯化钙10毫升、10%氯化钠50～100毫升、5%葡萄糖生理盐水150～300毫升，混合1次静脉注射。待瓣胃松软后，皮下注射0.1%新斯的明注射液2～4毫克或0.1%氨甲酰胆碱0.2～0.3毫升(在无腹痛症状时应用)，兴奋胃肠运动功能，促进积聚物排出。

3）亦可内服中药，健胃、止酵剂，通便、润燥及清热，效果良好。大黄9克、枳壳6克、二丑9克、玉片3克、当归12克、白芍2.5克、番泻叶6克、千金子3克、山栀2克，煎水一次内服，或用大黄末15克、人工盐25克、清油100毫升，加水300毫升，灌服。

4）瘤胃切开术：方法是先切开瘤胃，取出其中大部分内容物及网胃内容物，用胃导管通过网瓣孔注入1%温盐水500～1 000毫升，边冲洗，术者边用手指疏通瓣胃内容物，直至将瓣胃小叶间胃内容物清理干净，缝合瘤胃切口，关闭腹腔。

（七）创伤性网胃心包炎

创伤性网胃心包炎，是由于铁丝、铁钉、缝针等金属异物混杂在饲料内，被采食吞咽落入网胃，导致急性或慢性前胃弛缓，瘤胃反复鼓胀，消化不良，并因穿透网胃刺伤心包，继发创伤性心包炎。其临床特征为，急性前胃弛缓，胸壁疼痛，间歇性鼓气，白细胞总数增加及核左移等。

【病因】

　　本病主要发生于成年羊。由于吃入的饲料中混有短的铁丝、铁钉、大头针、缝针所致。在城市郊区和工矿区这种机会较多，这类金属异物有一定长度和尖锐程度，先穿刺网胃壁，大多数穿刺在其前壁上，进一步刺透膈肌进入心包，但也有从网胃侧壁或后壁穿刺而转移到其他组织器官的，例如脾脏、肝脏和胸壁，可发生腹膜炎及各部位的化脓性炎症。

【临床症状】

　　一般发病缓慢，初期无明显变化，日久则表现精神不振，食欲反刍减少，瘤胃蠕动减弱或停止，并常出现反刍性鼓气。病情较重时患羊行动小心，常有拱背、呻吟等疼痛表现。用手顶压网胃区或用拳头顶压剑状软骨左后方时，病羊表现有疼痛、躲闪。站立时，肘关节张开，起立时先起前肢。体温一般正常，但有时升高。当发生创伤性心包炎时，病羊全身症状加剧，体温升高，心跳明显加快，颈静脉怒张，颌下、胸前水肿。叩诊心区扩大，有疼痛感。听诊心音减弱，混浊不清，常出现摩擦音及拍水音。病后期常导致腹膜粘连、心包化脓和脓毒败血症。

　　血象检查，白细胞总数增多，白细胞增至14 000／毫米^3，白细胞分类，初期核左移，嗜中性白细胞高达70%，淋巴细胞则降至30%左右。结合病情分析，具有实际临床诊断意义。

【病理变化】

　　病理变化依金属异物的性状而异。一部分病例只引起创伤性网胃炎，特别是铁钉或销钉，可使胃壁深层组织损伤，局部增厚，发生化脓，形成瘘管或瘢痕（图4.10）。也有一部分病例，网胃与膈粘连，或胃壁局部结缔组织增生，其中埋藏铁钉或销钉，并形成干酪腔或脓腔（图4.11）。心脏受损害时，心包中充满多量纤维蛋白性渗出液；也可能发生肺炎、肺脓肿、肺与胸膜粘连等病理解剖学变化。

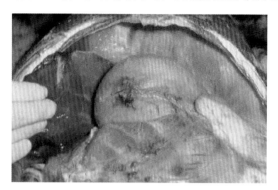
图4.10　创伤性网胃炎：金属丝穿孔网胃

图4.11　可以看到网胃内的金属丝

【诊断要点】

本病的诊断应根据饲养管理情况，结合病情发展过程进行。

姿态与运动异常，顽固性前胃弛缓，逐渐消瘦，网胃区触诊与疼痛试验，血象变化(白细胞总数增多，嗜中性白细胞与淋巴细胞比例倒置)以及长期治疗不见效果，是本病的基本特征。应用金属异物探测器检查，可获得阳性结果。有条件时可应用X射线透视，即可确诊。在临诊时，必须注意同前胃弛缓、慢性瘤胃鼓胀、皱胃溃疡等所引起的消化功能障碍、肠套叠和子宫扭转等所导致的剧烈腹痛症状，创伤性心包炎、吸入性肺炎等所呈现的呼吸系统症状相比较，进行鉴别诊断，以免误诊。

【防治措施】

（1）预防：清除饲料中异物，可在饲料加工设备中安装磁铁，以排除铁器，建立定期检查和预防制度，瘤胃中投放磁铁块并定期取出清除吸附其上的金属异物，并严禁在牧场或羊舍内堆放铁器。饲喂人员勿带小而尖细的铁具进入羊舍，以防遗落饲料中。

（2）治疗：创伤性网胃炎病因特殊，没有任何有效药物可以治疗，对患创伤性心包炎的种羊，可以考虑病的初期及时采用手术疗法，方法是直接进行心包切开术，即切除左侧第五根肋骨，切开心包，取出异物，并冲洗，灌注抗生素溶液。有的间接通过瘤胃切口，从网胃内取出异物(在异物未完全穿出网胃情况下)；如异物全部进入心包，立即探查网胃，取出其他存在的异物，分层缝合切口。同时配合抗生素和磺胺类药物治疗，可用青霉素40万～80万单位、链霉素50万单位，肌内注射；磺胺嘧啶钠5～8克、碳酸氢钠5克，加水灌服，每天一次，连用一周以上或内服健胃剂、镇痛剂。如膈肌已破裂或已形成膈疝，分离网胃与膈肌间粘连，修补膈肌裂口。如心包已化脓且有较多的脓汁、坏死，建议淘汰。

（八）胃肠炎

胃肠炎是胃肠黏膜及其深层组织的出血性或坏死性炎症。以严重的胃肠功能障碍和不同程度自体中毒为特征。

【病因】按其病因可分为原发性和继发性两种。

（1）原发性胃肠炎：在饲养管理不当、饲料质量不良(如采食大量的冰冻、发霉饲料，饲草、饲料中混进具有刺激性的化肥，如过磷酸钙、硝铵等)、饮用不清洁的冰冻水等情况下，强烈的刺激作用可导致胃肠炎；服用过量的蓖麻油、芦荟、芒硝等，也可致病；营养不良、长途车船运输等因素能降低羊只机体的防御能力，使胃肠屏障功能减弱，平时腐生于胃肠道并不引起致病作用的细菌如大肠杆菌、坏死杆菌等微生物，此时往往由于毒力增强而起致病作用。此外，抗生素的滥用，一方面细菌产生抗药性，另一方面在用药过程中造成肠道的菌群失调引起的二重感染，应当引起重视。

（2）继发性胃肠炎：多见于各种传染病、细菌性传染病、寄生虫病以及很多内科病的过程中(如羊副结核、巴氏杆菌病、羊快疫、肠毒血症、炭疽、羔羊大肠杆菌病等)。

【临床症状】

临床表现以消化功能紊乱、腹痛、腹泻、发热、脱水和毒血症为特征。

病羊精神沉郁，食欲减退或废绝，反刍停止；体温升高达40℃，脉搏快而弱，口腔干燥发红发臭，舌面覆有黄白苔，眼球下陷；常伴有腹痛。鼻梁、耳根、角根、四肢末端变冷。肠音初期增强，不断排稀粪便或水样粪便，气味腥臭或恶臭，粪中混有血液及坏死的组织片，有黏液、脓液，但粪量不多，有里急后重现象；由于下泻，可引起脱水。脱水严重时，尿少色浓，皮肤弹性降低，迅速消瘦，腹围紧缩。当虚脱时，病羊不能站立而卧地，呈衰竭状态。病羊不愿行走，大多躺卧，眼半闭，将头弯向侧方，对周围事物无反应。如不及时救治，病羊3～5天后往往发生严重失水和中毒，以致昏迷、死亡。慢性胃肠炎病程长，病势缓慢，主要症状同于急性，可引起恶病质。

【病理变化】

肠内容物常混有血液，恶臭，黏膜呈现出血或溢血斑。由于肠黏膜的坏死，在黏膜表面形成霜样或麸皮状覆盖物。黏膜下水肿，白细胞性浸润。坏死组织剥落后，遗留下烂斑和溃疡。病程时间过长，肠壁可能增厚并发硬。Peyer集合淋巴块和孤立淋巴滤泡以及肠系膜淋巴结肿胀，常并发腹膜炎。

图4.12　瘤胃黏膜潮红、发炎

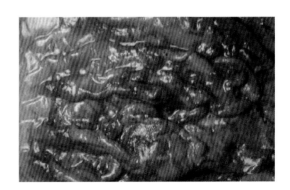

图4.13　皱胃黏膜坏疽

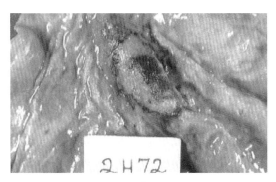

图4.14　皱胃溃疡

【诊断要点】

首先应根据全身症状，食欲紊乱，以及粪便中含有病理性产物等，不难做出正确诊断。进行流行病学调查，血、粪、尿的化验，对单纯性胃肠炎、传染病、寄生虫病的继发性胃肠炎可进行鉴别诊断。怀疑中毒时，应检查草料和其他可疑物质。若口臭显著，食欲废绝，主要病变可能在胃；若黄染及腹痛明显，初期便秘并伴发轻度腹痛，腹泻出现较晚，主要病变可能在小肠；若脱水迅速，腹泻出现早并有里急后重症状，主要病变在大肠。

【防治措施】

（1）预防：

1）应从贯彻"预防为主"的原则出发，首先着重改善饲养管理，保持适当运动，增强体质，保证健康。

2）必须注意饲料质量、饲养方法，建立合理的饲养管理制度，加强饲养人员的业务学习，提高科学的饲养管理水平，做好经常性的饲养管理工作，对防止胃肠炎的发生有重要的意义。

3）注意饲料保管和调配工作，不使饲料霉败。饲喂要做到定时定量，少喂勤添，先草后料；检查饮水质量，禁止饮用污秽不洁饮水；久渴失饮时，注意防止暴饮；严寒季节，给予温水，预防冷痛。

4）应定期检查，注意平时观察，当发现羊只采食、饮水及排粪异常时，应及时治疗，加强护理。

（2）治疗：

1）治疗原则为清理胃肠，保护胃肠黏膜，制止胃肠内容物的腐败发酵，保持心脏功能，解除中毒，预防脱水。泻剂用硫酸钠30～50克或人工盐30克加水口服。保护胃肠黏膜用矽炭银片10～20片加大黄苏打片20片加适量常水口服，或鞣酸蛋白或次硝酸铋（每只2～5克，内服）。为吸附肠内有毒物质，可内服药用炭20～40克。

2）抗菌消炎用磺胺脒片50～100片或诺氟沙星胶囊5～15粒口服，每天2次。连用3天。也可用庆大霉素20万单位，肌内注射，每天2次。也可用病菌净口服，或菌特灵注射液、恩诺沙星注射液肌内或静脉注射。胃肠出血可用止血敏、安络血肌内注射。失水严重时，补钠、补钾、补糖、补液及强心。如可用葡萄糖盐水或复方氯化钠溶液300～500毫升，10%樟脑磺酸钠4毫升、维生素C 100毫克，混合后静脉注射，每天1～2次。

3）中药治疗：①黄连4克、黄芩10克、黄柏10克、白头翁6克、枳壳9克、砂仁6克、茯苓9克、泽泻9克、水煎去渣候温灌服。②急性胃肠炎可用白头翁12克、陈皮9克、黄连2克、黄芩3克、大黄3克、山栀3克、茯苓6克、泽泻6克、内金9克、木香2克、山楂6克、水煎，1次内服。亦可用白头翁葛根芩连汤加减，葛根12克、黄芩9克、黄柏9克、黄连6克、白头翁15克、银花15克、连翘15克、陈皮15克、赤芍9克、丹皮6克，加水煎煮，1次内服。

154

二、呼吸系统疾病

（一）感冒

感冒是冬春季节，气候剧变，忽冷忽热，羊只因受寒而引起的全身性疾病。无传染性，若及时治疗，可迅速痊愈。

【病因】

本病主要是由于管理不当，羊受寒所致。例如厩舍条件差，羊在寒冷的天气外出放牧或露宿，或出汗后被拴在潮湿阴凉有过堂风的地方等。

【临床症状】

病羊精神沉郁，被毛蓬乱，食欲和反刍废绝，耳尖、鼻端发凉，肌肉震颤，眼结膜潮红，有的轻度肿胀，流泪，鼻镜干燥，体温升高到40～41℃，口舌青白，舌有薄苔，舌质红，呼吸加快，脉搏细数。伴有咳嗽，流鼻涕等症状（图4.15、图4.16）。听诊肺区肺泡呼吸音增强，偶尔可听到啰音。

图4.15　患羊出现咳嗽流鼻涕症状

图4.16　患羊咳嗽症状明显

【诊断要点】

根据病史和临床症状，即可确诊。

【防治措施】

（1）预防：加强饲养管理，防止羊只受寒，注意保暖，保持环境的清洁卫生，防止流感侵袭。

（2）治疗：以解热镇痛、祛风散寒为主。

1）给每只羊肌内注射复方氨基比林5～10毫升，或30%安乃近5～10毫升，或复方奎宁、尔百定、穿心莲、柴胡、鱼腥草等注射液。

2）为防止继发感染，可与抗生素药物同时使用。如给每只羊用复方氨基比林10毫升、青霉素160万单位、硫酸链霉素50万单位，加蒸馏水10毫升，分别肌内注射，每天注射2次。病情严重时，也可静脉注射160万单位的青霉素4支，同时配以皮质激素类药物，如地塞米松等治疗。

3）给每只羊喂服感冒通2片，每天3次。

（二）肺炎

肺炎是细支气管与个别肺小叶或小叶群肺泡的炎症，一般由支气管炎症蔓延所引起。绵羊与山羊均可患肺炎，以在绵羊引起的损失较大，尤其是羔羊。

【病因】

（1）因感冒而引起：如圈舍湿潮，空气污浊，而兼有贼风，即容易引起鼻卡他及支气管卡他，如果护理不周，即可发展成为肺炎。

（2）气候剧烈变化：如放牧时忽遇风雨，或剪毛后遇到冷湿天气。严寒季节和多雨天气更易发生。

（3）羊抵抗力下降：在绵羊并未见到病原菌存在，人类肺炎球菌在家畜没有发现，但当抵抗力减弱时，许多细菌即可趁机而起，发生病原菌的作用。

（4）异物入肺：吸入异物或灌药入肺，都可引起异物性肺炎（机械性肺炎）。灌药入肺的现象多由于灌药过快，或者由于羊头抬得过高，同时羊只挣扎反抗。例如对鼓胀病灌服药物时，由于羊呼吸困难，最容易挣扎而发生问题。

（5）肺寄生虫引起：如肺丝虫的机械作用或造成营养不良而发生肺炎。

（6）可为其他疾病（如出血性败血病、假结核等）的继发病：往往因病中长期偏卧一侧，引起一侧肺的充血，而发生肺炎。一旦继发肺炎，致死率常比原发疾病高。

【临床症状】

肺炎初期呈急性支气管炎症状，即咳嗽，体温升高，呈弛张热型，高达40℃以上；呼吸浅表、增数，呈混合型呼吸困难。叩诊胸部有局灶性浊音区，听诊肺区有捻发音。肺气肿常由小叶性肺炎继发而来。病羊呈现间歇热，体温升高至41.5℃；咳嗽，呼吸困难（图4.17、图4.18）。肺区叩诊，常出现固定的似局灶性浊音区，病区呼吸音消失。

血液检查，白细胞总数可达15×10^4／毫升，嗜中性白细胞增多，其中分叶核细胞增加。

【病理变化】

支气管肺炎有小叶的特性。在肺实质内，特别是在肺脏的前下部，散在一个或数个孤立的、大小不同的肺炎病灶，并且每一个病灶是一个或一群肺小叶。这些肺小叶是在有病变的支气管分支区域。

患病部分的肺组织坚实而不含空气，初呈暗红色，以后呈灰红色。剪取病变肺组织小块投入水中即下沉。肺切面因病变程度不同，表现出各种不同的颜色。在新发生的病变区，则因充血显著而呈红色或灰红色。较久的病变区则因脱落的上皮细胞和渗出性细胞增加，呈灰黄色或灰白色。压挤时流出血性或浆液性液体。肺的间质组织扩张，被浆液性渗出物所浸润，呈胶冻样。在炎症病灶中，可见到扩张的并充满渗出物的支气管腔。在炎症病灶周围，几乎总可发现代偿性气肿。

图4.17　患羊表现呼吸困难

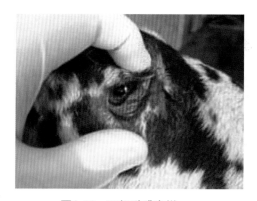

图4.18　可视黏膜发绀

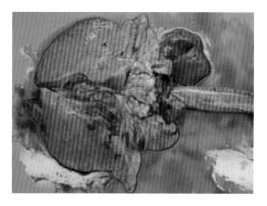

图4.19　肺脏出现实变和坏疽区域

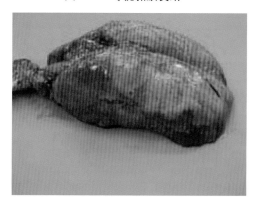

图4.20　肺脏腹部出现大面积的实变区域

图4.21　肺脏切面可见植物刺芒

【诊断要点】

建立诊断主要依据病史材料的分析，如继发性支气管炎；临床特征，体温为弛张热，短钝的痛咳，胸部叩诊呈局灶性浊音区，听诊有捻发音，肺泡音减弱或消失；以及X射线检查出现散在的局灶性阴影等。但须与下列疾病区别开：细支气管炎：热型不定。胸部叩诊呈现过清音甚至鼓音。听诊肺泡音亢盛并有各种啰音。大叶性肺炎：呈稽留热型。病程发音迅速，而在典型病例常呈定型经过。肺部叩诊浊音区扩大，听诊肝变区有较明显的支气管呼吸音。并于疾病的经过中，往往有铁锈色鼻液以及X射线检查病变部呈现明显而广泛的阴影。

【防治措施】

（1）预防：加强饲养管理，增强机体抗病能力，这是最根本的预防措施。为此应供给富含蛋白质、矿物质、维生素的饲料；注意圈舍卫生，不要过热、过冷、过于潮湿，通气要好。在下午较晚时不要洗浴，因没有晒干机会。剪毛后若遇天气变冷，应迅速把羊赶到室内，必要时还应给室内生火。远道运回的羊只，不要急于喂给精料，应多喂青饲料或青贮料。对呼吸系统的其他疾病要及时发现，抓紧治疗。

（2）治疗：

1）首先要加强护理。发病之后，及早把羊放在清洁、温暖、通风良好但无贼风的羊舍内，保持安静，喂给容易消化的饲料，经常供应清水。

2）采用抗生素或磺胺类药物治疗，病情严重时可以两种同时应用。用青霉素40万～60万单位、链霉素50万～100万单位混合肌内注射，12小时一次。用10%安钠咖2～10毫升、10%樟脑磺酸钠2～10毫升分上、下午交替肌内注射，以促进血液循环，利于肺部渗出物的排泄。如食欲不好，用50%葡萄糖50～100毫升、糖盐水200～300毫升、25%维生素C 2～4毫升静脉注射，每天或隔天1次。制止渗出，也可用5%氯化钙5～10毫升或10%葡萄糖酸钙25～50毫升静脉注射，隔天1次。为止咳祛痰，成羊用氯化铵1克、磺胺嘧啶1克、碳酸氢钠1克，以蜂蜜调为糊状做舐剂服用，12小时1次。氯化铵应另调分开服用。四环素50万单位、糖盐水100毫升溶解均匀，一次静脉注射，每天2次，连用3～4天。卡那霉素100万单位一次肌内注射，每天2次，连用3～4天。也可用中药银翘散加减：金银花40克、连翘45克、牛蒡子60克、杏仁30克、前胡45克、桔梗60克、薄荷40克共为细末，开水冲调，一次灌服。

3）对症治疗。根据羊只的不同表现，采用相应的对症疗法。例如当体温升高时，可肌内注射安乃近2毫升或内服阿司匹林1克，每天2～3次。当发现干咳、有稠鼻涕时，可给予氯化铵2克，分2～3次，1天服完。当呼吸十分困难时，可用氧气腹腔注射。此法简便而安全，能够提高治愈率。剂量按100毫升／千克体重计算。注射以后，可使病羊体温下降，食欲及一般情况有所改善。虽然在注射后第一昼夜呼吸频率加快(41～47次)，呼吸深度有所增加，但经过2～3天后可以恢复正常。为了强心和增强小循环，可反复注射樟脑油或樟脑水。如有便秘，可灌服油类或盐类泻剂。

（三）胸膜炎

致病因素（通常为病毒或细菌）刺激胸膜所致的胸膜炎症称为胸膜炎，胸腔内可有液体积聚。

【病因】

（1）原发性胸膜炎比较少见，可因胸部的穿透创或胸腔穿刺时带入病原微生物所致。

（2）常继发于邻近器官炎症的蔓延，如结核、传染性胸膜肺炎、脓毒症、出血性败血病、支气管肺炎、肺坏疽等。

【流行特点】

本病呈散发性，如果集群性大规模暴发应考虑传染病流行。

【临床症状及病理变化】

病羊体温升高，临床表现弛张热型，精神沉郁，食欲减退或废绝。由于胸膜的疼痛，使病羊呈浅表的腹式呼吸。常常发生痛苦的咳嗽。触诊胸壁表现疼痛不安。当胸腔内大量积聚渗出液时，胸壁叩诊呈水平浊音（图4.22）；由于压迫肺和心脏，使呼吸困难，心跳加快。肺部听诊肺泡呼吸音减弱，心音模糊不清，脉搏细弱频数。当患纤维素性胸膜炎时，随着呼吸或心跳而出现摩擦音。

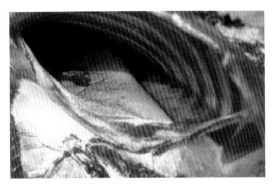

图4.22　胸腔积水，心包积液

【诊断要点】

根据呼吸浅表而困难，明显的腹式呼吸，胸壁触诊疼痛，胸部叩诊呈水平浊音，听诊有胸膜摩擦音，胸腔穿刺有大量渗出液流出，即可确诊。

【防治措施】

（1）首先给予良好的营养和护理。

（2）为达到抑菌和杀菌的目的，可使用抗生素或磺胺类药物进行治疗。12%复方磺胺-6-甲氧嘧啶注射液100毫升。用法：一次肌内注射，每天2次，连用5天，首次量加倍。说明：也可用氯霉素400万单位，青霉素与链霉素，庆大霉素等。5%氯化钙注射液150毫升、40%乌洛托品注射液40毫升、10%安钠咖注射液30毫升、25%葡萄糖注射液1 000毫升。用法：一次静脉注射。

（3）胸腔积存大量渗出物时，应进行穿刺排液。用0.1%雷佛奴尔溶液500毫升反复灌洗，最后用生理盐水灌洗，并注入青霉素50万～80万国际单位及链霉素1～2克，用蒸馏水30～50毫升溶解后注入胸腔。

（4）归芍散：当归30克、白及30克、桔梗20克、贝母25克、寸冬20克、百合25克、黄芩20克、天花粉25克、滑石30克、木通25克。用法：共为细末，开水冲调，一次灌服。说明：热盛加金银花、连翘、栀子，喘甚加杏仁、葶苈子、枇杷叶，痰液多者加前胡、半夏、陈皮。

（四）热射病

热射病又称中暑或中热，暑热天气，受阳光直射，引起脑及脑膜充血和脑实质的急性病变，导致中枢功能严重障碍，呼吸系统功能紊乱。本病为夏季各种家畜的常见疾病，如不及时处理，往往造成家畜的死亡，应加以预防和治疗。

【病因】

炎热的夏天，如果羊群集聚在通风不良的狭窄羊舍内，环境温度过高或潮湿闷热，影响散热，使体温升高，体内代谢旺盛，氧化不全的中间代谢产物蓄积引起酸中毒。加快呼吸及大出汗时可引起脱水，水、盐代谢紊乱，最后循环衰竭。热痉挛主要是大出汗致使钠盐、钙盐丢失过多，引起肌肉痉挛性收缩。常见有炎热夏季长途运输；羊群由于免疫、剪羊毛、转场等长途驱赶均可能引发热射病（图4.23、图4.24）。

图4.23　高温环境下长途运输可诱发热射病

图4.24　高温环境下长途驱赶也可诱发热射病

【临床症状】

突然发病，精神极度沉郁，站立不稳，行走时体躯摇摆呈醉酒样，有时兴奋不安。出现瘤胃鼓气。黏膜紫赤，心悸亢进，后期脉细弱，血液浓稠黑红色，呼吸促迫，听诊肺区常见湿性啰音。体温升高到40～42.5℃，全身大汗，排尿减少或尿闭。最后倒地口吐泡沫，陷于昏迷，瞳孔散大，反射消失，如不及时抢救，往往迅速死亡。

【诊断要点】

本病诊断应注意以下几点：

（1）一般发生在炎热夏季，动物有长时间烈日暴晒史，或环境温度过高、通风不良等。

（2）起病急，有一般脑炎症状。

（3）采取紧急治疗措施，轻者可很快恢复健康。

【防治措施】

（1）预防：防止日光直射头部。厩舍及车船运输时不能过度拥挤，保证厩舍清洁通风良好；长途赶运应在早晚凉爽时进行，并注意勤饮水，勤休息。

（2）治疗：本病往往突然发生，如救治不及时可迅速死亡。因此一旦发现，应立即急救。

1）治疗原则是防暑降温，镇静安神，强心利尿，缓解中毒。

2）在治疗过程中，应立即将患羊置于凉爽通风的地方，头部和心区施行冷敷，并配合用冷盐水内服或用冷水反复灌肠，尽量在短时间内使体温下降。同时防止声光刺激，保持安静。

在上述基础上，再用2.5%盐酸氯丙嗪液，2～5毫升，肌内注射。临床实践证明，为减轻脑和肺部充血和改善循环，可酌情静脉放血50～100毫升。同时注射5%葡萄糖生理盐水500毫升，并加入10%苯甲酸钠咖啡因或樟脑水注射液2～3毫升，效果良好。为纠正酸中毒，用5%碳酸氢钠液500毫升一次静脉输入。

三、泌尿系统疾病

（一）膀胱及尿道结石

本病系尿路中盐类结晶析出所形成的凝结物，嵌入泌尿道而引起尿道发炎，排尿机能障碍的一种疾病，本病多发生于成年羊，尤其是种公羊，无季节性。

【病因】

关于结石形成的真实原因还不十分清楚，但与以下因素有关。

（1）与尿道的解剖构造有关系：公羊及阉羊的尿道是位于阴茎中间的一条很细长的管子，而且有"S"状弯曲及尿道突，结石很容易停留在细长的尿道中，尤其是更容易被阻挡在"S"状弯曲部或尿道突内。母羊的尿道很短，膀胱中的结石很容易通过尿道排出体外。

（2）与饲料中的营养不全和矿物质不平衡有密切关系：

1）长期饲喂高蛋白、高热能、高磷的精饲料，特别是谷类、高粱、麸皮等，含磷高，缺乏钙，易造成钙磷比例失调，造成尿结石。

2）长期饲喂萝卜、颗粒饲料等块根饲料。

3）饲料中缺乏维生素A，特别是长期饲喂未经加工的棉籽饼，导致结石的形成。

4）饮水中含镁、盐类较多，导致结石形成；同时饮水不足，造成尿液浓缩，导致结晶浓度过高而发生结石。

5）肾和尿路感染，使尿中有炎性产物积聚，成为变成结石的核心。

【临床症状及病理变化】

尿结石形成于肾和膀胱，但阻塞常发生于尿道，膀胱结石在不影响排尿时，不显示症状，尿道结石多发生在公羊龟头部和"S"状曲部。如果结石不完全阻塞尿道，则可见排尿时间延长，尿频、尿量减少，呈断续或滴状流出，有时有尿排出；如果结石完全阻塞，尿道则仅见排尿动作而不见尿液，出现腹痛。

病初精神委顿，食欲减少，头抵墙壁，体温一般为39.8～41.2℃。小便失禁，滴尿，尿道外口周围的毛上可能有盐类堆积，包皮明显肿胀。阴茎根部发炎肿胀尿频，不断呻吟，不时起卧。有时双膝跪地；有时头部回顾腰胁部，甚至用角抵胁腹部分。病羊行走十分困难，强迫行走时，后肢勉强做短步移动。若尿继续留滞不通或膀胱破裂时，即引起尿毒血症。到后期时，食欲完全停止，尾下方臀端呈现水肿，有尿酸气。脉搏加快，每分钟达100次以上，最后卧地不起，发生死亡。

剖检可发现病变集中表现在排尿生殖系统。肾脏及输尿管肿大而充血，甚至有出血点。膀胱因积尿而膨大，剖开时见有大小不等的颗粒状结石，黏膜上有出血点（图4.25、图4.26）。尿道起端及膀胱颈被结石堵塞。其他内脏无变化。

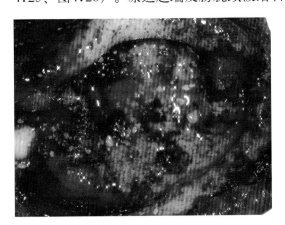

图4.25　膀胱内颗粒状结石、黏膜出血

图4.26　肾脏肿大、肾盂有出血

【诊断要点】

根据临床症状，如出现尿频、滴尿或无尿、腹痛等现象，即可做出初步诊断。取尿液与显微镜观察，可见有脓细胞，肾上皮组织或血细胞。剖检可发现膀胱内有结石存在，或结石嵌入尿道即可确诊。

【防治措施】

(1) 预防：

1) 对于舍饲的种公羊，可从饲养管理上进行预防，例如增强运动，供给足量的清洁饮水等。在饲料方面，应供给优质的干苜蓿，因其含有大量维生素A，同时能够供应钙质，以调整麸皮和颗粒饲料中含磷过多的缺点。但应注意的是，干苜蓿如果喂量过大，则钙量超过磷量，同样会造成矿物质的不平衡，而发生不良后果。如果没有苜蓿干草，应在精料中加入1%~2%的骨粉或碳酸钙。

2) 如果怀疑钙量过大，例如饮水中矿物质含量高，或饲料中含钙量大，可以供给谷类子实进行校正，因为谷类子实中含的钙少磷多。

3) 当改变饲料之后还不能制止发病时，可以禁食几天，或给以谷类干草、谷类子实及肉粉组成的日粮，也可以每天内服氯化铵10~15克，连服1周左右，使尿变为酸性。

4) 饮磁化水，水经磁化后溶解力增强，不仅能预防结石的形成，而且可使结石疏松而排出。

(2) 治疗：

1) 对于发现及时、症状较轻的，饲喂大量饮水和液体饲料，同时投服利尿药及消炎药物（青霉素、链霉素、乌洛托品等）。此法治疗简单，对于轻症羊只可以使用，有时膀胱刺穿也可作为药物治疗的辅助疗法。

2) 手术治疗。对于药物治疗效果不明显或完全阻塞尿道的羊只，可进行手术治疗。限制饮水，对膨大的膀胱进行穿刺，排出尿液，同时肌内注射阿托品3~6毫克，使尿道肌松弛，减轻疼痛，然后在相应的结石位置采用手术疗法，切开尿道取出结石。

3) 术后护理：术后的护理是病羊能否康复的关键，要饲喂液体饲料，并注射利尿药及抗菌消炎药物，加强术后治疗。

（二）包皮炎

包皮炎是山羊和绵羊的常见病，阉羊更易发生该病。在安哥拉山羊和澳洲美利奴阉羊均有报道，可造成一定的经济损失。

【病因】

（1）阉羊生殖器特殊的解剖生理特点是该病发生的重要基础。公羊去势后的阴茎发育停止，阴茎与包皮的分离不全，成为包皮内部排尿。尿液外流不畅，而尿中的矿物质颗粒及尿的分解产物与皮脂腺的分泌物混合，形成尿垢沉积，导致尿液不能自动流出，不断刺激包皮而引起包皮炎。

（2）长期给阉羊饲喂高蛋白质饲料，也是诱发包皮炎的重要因素，高蛋白日粮可使尿的碱度居高不下，可导致包皮炎和包皮外口溃疡。

（3）尿素分解菌感染：在安哥拉山羊和澳洲美利奴阉羊，通过培养检查，均发现一种能分解尿素的棒状杆菌，被认为是发病的因素。

（4）包皮有原发性损伤，或在采精时发生损伤，采精器械消毒不彻底，或一个采精筒连采数只山羊等也可引起包皮炎的发生，如这些山羊包皮均有损伤，就会使细菌如链球菌、葡萄球菌等侵入而感染，引起山羊阴茎包皮炎。

【临床症状】

患病羊采食正常，体温没有明显变化，包皮发肿，触诊发热、疼痛反应强。包皮孔尖小、有时小如针孔。严重者阴茎包皮化脓、糜烂、浅度溃疡，病羊排尿困难，呈努责姿势，在包皮周围由于炎症引起的公羊瘙痒，表现疼痛不安，出现踢腹现象。发生在夏季时，常因引诱蝇类，而包皮内生蛆，发生溃疡和结痂，溃疡还可能波及包皮内面。严重时，包皮孔可能完全封闭不通。而种公羊采精时发生损伤的包皮部位擦伤而出现少量出血（图4.27~图4.32）；精液检查时发现鲜精内有絮状小块，有的精液呈淡红色、红褐色，有的呈浅绿色，精子活率下降。

图4.27 阴茎溃疡、坏疽

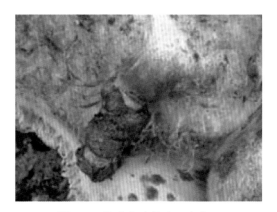

图4.28 阴茎包皮结痂、出血

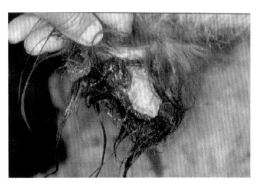

图4.29 阴茎包皮肿胀、表面坏疽

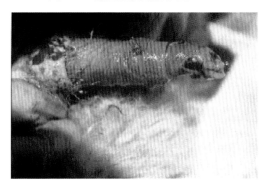

图4.30 包皮及龟头表面坏疽

图4.31 外露的阴茎龟头有大量血凝块

图4.32 剪羊毛造成的包皮阴茎损伤

【诊断要点】

根据病史、临床症状即可做出诊断。

【预防治疗】

（1）预防：对阉羊不可长期使用高蛋白日粮，多补充青绿多汁饲料；在剪毛时将包皮毛剪净，对本病都有一定的预防效果。对于种公羊在采精时，采精器械消毒彻底，采精筒应一羊一个，不能一筒连采数只山羊；采精时动作应轻缓，不能粗暴，以免机械损伤阴茎包皮。

（2）治疗：

1）一旦发病，应及时进行消炎、止痛疗法。

2）除去日粮中的豆科牧草，并大大减少饲喂量，对于包皮炎的疗效很高。如果先完全绝食4～6天，然后限量给予燕麦和麦草7～10天，也具有良好效果。

3）每隔3～4天给包皮内注入2%硫酸铜1次。

4）对于顽固病例，可以施行外科手术；沿着包皮中线切开，进行治疗。

（三）尿液滞留

尿液滞留就是羔羊的膀胱里有尿，但排不出来，亦称尿潴留。

【病因】

由于膀胱发生麻痹或膀胱括约肌发生痉挛所致。引起麻痹和痉挛的原因有：接产时消毒不严，脐带受细菌感染发炎。当炎症继续发展到膀胱圆韧带，再波及膀胱壁时，就可能引起本病。羊舍太冷，圈舍内地面太湿，使其过度受凉。

【临床症状】

病羔不见排尿，或者排尿痛苦，表现摇尾，拱腰，咩叫，走动不安。严重时食欲停止，时常卧地，精神不振。时间再延长，会引起膀胱破裂而死亡。当将羔羊倒提起来时，可在耻骨前沿处触摸到充满尿液的膀胱，形状像个长柄梨，用手揉摇时有波动感（图4.33）。

【防治措施】

本病难以治疗，应以预防为主。

（1）如接产时一定要对脐带进行严格消毒；经常保持羊舍温暖，尤其要保持地面干燥。

（2）对于已患病的羔羊，要及时抓紧治疗。

（3）首先抽出尿液，减少羔羊痛苦，

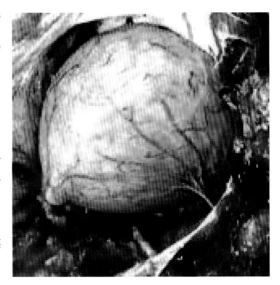

图4.33 充满尿液的膀胱

防止膀胱破裂。可选用人医24号针头，消毒后接上50毫升玻璃注射器；从膀胱最凸起最接近腹壁处刺入针头抽尿。一般可抽出100毫升以上，疗效明显。

脐部发炎者，肌内注射青霉素10万～20万单位，每天2次。或腹腔注射普鲁卡因青霉素(将青霉素20万单位溶解在0.25%普鲁卡因5～10毫升内)，每天1次。

受凉引起者，对腹部后方进行热敷和按摩，促进排尿。

不管哪种原因引起的，都可以采用新针疗法。即用人医的针灸针，针刺千金穴(腰荐间隙)，一面慢慢进针，一面观察，针刺深度以羔羊后躯下蹲为止。然后轻轻捻针数次，以促进排尿。

第五章　羊的中毒性疾病

一、饲料中毒

（一）硝酸盐和亚硝酸盐中毒

硝酸盐和亚硝酸盐中毒是反刍动物采食大量富含硝酸盐和亚硝酸盐的饲料后引起以急性胃肠炎、虚脱为特征的中毒病。临床上多见的是羊过多采食含硝酸盐丰富的饲草，经瘤胃微生物作用也可生成亚硝酸盐引起中毒。亚硝酸盐被吸收后，可使血红蛋白变成高铁血红蛋白，临床上表现缺氧综合征。

【病因】

反刍动物瘤胃中的微生物能将硝酸盐还原为亚硝酸盐，再进一步还原为氨而被机体吸收利用。但瘤胃的还原能力受多种条件所制约，当反刍动物采食了大量硝酸盐含量较高的青饲料，或者存在着使瘤胃还原能力下降的条件时，即便青饲料新鲜，也较易发生亚硝酸盐中毒。各种鲜嫩青草、作物秧苗均富含硝酸盐。特别在重施化肥或农药时，如大量使用硝酸铵、硝酸钠等硝酸盐类，可使菜叶中的硝酸钾含量升高。

还常见于青饲料长期堆放而发热、腐烂、蒸煮不透或煮后闷在锅里放置很久，这时的条件适合硝酸盐还原菌的大量繁殖，将饲料中的硝酸盐大量地还原为亚硝酸盐。蔬菜类饲料在此过程中所出现的这种亚硝酸盐含量的高峰，常被称为"亚硝峰"，用此时的蔬菜类饲料饲喂动物最易引起中毒。

【临床症状及病理变化】

（1）羊在大量采食后0.5～6小时突然发病，有的甚至延迟1周左右。本病的早期症状是尿频，呼吸增快。之后变为呼吸困难，眼结膜发绀（图5.1），脉速而弱，血液呈咖啡或酱油色。精神不振，肌肉震颤，站立不稳，步态蹒跚。严重时角弓反张，全身无力，卧地不起，流涎、瘤胃鼓气、腹泻、呕吐，有腹痛。耳、鼻、四肢以及全身发凉，

图5.1　硝酸盐中毒的特征病变：可视黏膜褐变

体温下降至常温以下，口吐白沫，倒地痉挛等症状表现较为明显。慢性中毒时，病羊出现下痢、跛行、走路拘强、虚弱、受胎率低、流产等。

（2）可视黏膜发绀：剖检可发现病羊肺充血、出血、水肿，气管和支气管内充满白色泡沫。肾脏瘀血。早期解剖可见胃肠明显鼓气，内容物有硝酸样气味，胃肠黏膜充血、出血，胃黏膜易脱落；心外膜、心肌呈点状出血。反刍动物以瓣胃黏膜脱落明显，胃肠黏膜下组织呈淡红色或暗红色，小肠黏膜有出血性炎症。

【诊断要点】

首先病羊有饲用大量富含硝酸盐和亚硝酸盐的饲料史，如大量采食鲜嫩青草、作物秧苗；大量采食发热、腐烂、蒸煮不透或煮后闷在锅里块茎和叶菜类饲料等。其次，结合临床症状和尸体剖检不难诊断。

【防治措施】

（1）预防：改善青绿饲料的堆放和蒸煮过程。接近收割的青绿饲料不能施用硝酸盐类化肥和农药。对可疑饲料、饮水进行化验。

（2）治疗：

1）特效疗法：①取1%亚甲蓝(亚甲蓝1克，纯酒精10毫升，生理盐水90毫升)按每千克体重0.1毫升，10%葡萄糖250毫升，1次静脉注射。必要时2小时后再用药1次。②取5%的甲苯胺蓝按每千克体重0.2毫升，静脉或肌内注射；同时应用维生素C0.4克，静脉或肌内注射。

2）对症治疗：①取过氧化氢液10～20毫升，生理盐水30～60毫升混合静脉注射。②取10%葡萄糖250毫升，维生素C0.4克，25%尼可刹米3毫升混合静脉注射。③用0.2高锰酸钾溶液洗胃，耳静脉放血。

（二）氢氰酸中毒

羊的氢氰酸中毒是由于羊采食了含有氰苷的植物或误食氰化物，在胃内经酶水解和胃酸的作用，产生游离的氢氰酸而引起，临床上以呼吸困难、震颤、痉挛和突发死亡为特征的中毒性缺氧综合征。

【病因】

因采食了含氰苷的植物而中毒。含氰苷的植物较多，如高粱苗、玉米苗、马铃薯幼苗、亚麻叶、木薯、桃、李、杏、枇杷的叶子及核仁等。另外，羊误食了氰化物农药污染的饲草或饮用了氰化物污染的水，在胃内经酶水解和胃酸的作用，产生游离的氢氰酸，氢氰酸的氰离子能迅速与氧化型细胞色素氧化酶的Fe^{3+}结合，使其不能还原为还原型细胞色素氧化酶的Fe^{2+}，从而丧失其传递电子、激活氧分子的作用，使生物氧化的呼吸链中断，导致细胞呼吸停止，造成组织缺氧。由于氧未利用而相对过剩，静脉血中含氧合血红蛋白而呈鲜红色。由于中枢神经系统对氧特别敏感，首先遭到毒害，终因呼吸中枢和心血管运动中枢麻痹而死亡。

【临床症状及病理变化】

发病很急，主要是腹痛不安，口流泡沫状液体，先表现兴奋，很快转入抑制状态，全身衰弱无力，站立不稳，步行摇摆，或突然倒地；呼吸困难，次数增多，张口伸舌，呼出气带有苦杏仁味。叩诊胸部有局灶性浊音区，听诊肺部有捻发音。皮肤和黏膜呈鲜红色。严重的很快失去知觉，后肢麻痹，体温下降，眼球突出，目光直视，瞳孔散大，脉搏沉细，腹部膨大，粪尿失禁，四肢发抖，肌肉痉挛，发出痛苦的鸣叫声。常因心跳和呼吸麻痹，在昏迷中死亡。最急性者，突然极度不安，惨叫后倒地死亡。

剖检时，尸僵不全。切开时见血液呈鲜红色，凝固不良（图5.3）。气管黏膜有出血点，气管腔有带血的泡沫，肺充血、水肿，心脏的内、外膜均有出血点，心包内有淡黄色液体。胃肠道的浆膜面及黏膜面均有出血点，肠管有出血性炎症，胃内充满带有苦杏仁味的内容物。

174

图5.2　结膜光亮鲜红是氢氰酸中毒的特征病变

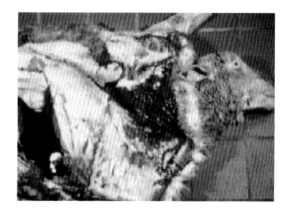

图5.3　血液呈鲜红色，凝固不良

【临床诊断】

依据食入含氰苷植物或被氰化物污染饲料或饮水的病史，发病急速，呼吸困难，皮肤和黏膜发红、神经功能异常等症状，以及血液呈鲜红色的病理变化，可做出初步诊断。饲料性中毒时吃得越多死得越快，确诊必须进行毒物分析。

【防治措施】

（1）预防：严禁在生长含氰苷植物的地方放牧，避免让羊采食含氰苷类的植物幼苗或籽仁；对氰化物农药应严加保存，以防污染饲料和饮水。用含有氰苷的高粱苗、玉米苗、胡麻苗等作为饲料时，应经过水浸或发酵后再饲喂，要少喂勤喂，一次不喂过多。

（2）治疗：发病后采用特效解毒药，迅速静脉注射3%亚硝酸钠溶液，剂量为6～10毫克／千克体重，然后再静脉注射5%～10%硫代硫酸钠，剂量为1～2毫升／千克体重。另外，也可配合应用中药金银花120克、绿豆500克，煎汤，候温一次灌服。同时用0.1%的高锰酸钾溶液或0.1%的过氧化氢洗胃；静脉注射10%葡萄糖250毫升、维生素C0.3克、10%的安钠咖3毫升混合液予以辅助疗法。病急时可采用耳尖尾尖放血治疗。

二、有机磷中毒

羊有机磷中毒是羊接触、吸入或采食了有机磷制剂所引起的一种全身中毒性病理过程，以体内胆碱酯酶活性受到抑制，出现以神经过度兴奋为主的一系列症状。

【病因】

有机磷农药是农业上常用的杀虫剂，也是畜牧业上常用的杀虫和驱虫药。羊有机磷中毒常是误食喷洒有机磷农药的牧草或农作物、青菜等，误食被有机磷农药污染的饮水；误食拌过农药的种子，应用有机磷杀虫剂防治羊体外寄生虫时剂量过大或使用方法不当，羊接触有机磷杀虫剂污染的各种工具器皿等，易发生中毒。

【临床症状及病理变化】

临床上将这些可能出现的复杂症状归纳为三类症候群。

（1）毒蕈碱样症状：按其程度不同，可具体表现为食欲不振，流涎，呕吐，腹泻，腹痛，多汗，尿失禁，瞳孔缩小，可视黏膜苍白，呼吸困难，支气管分泌增多，肺脏水肿等症状。

（2）烟碱样症状：当机体受烟碱的作用时，可引起支配横纹肌的运动神经末梢和交感神经节前纤维(包括支配肾上腺髓质的交感神经)等胆碱能神经发生兴奋；但在乙酰胆碱蓄积过多时，则将转为麻痹，具体的表现为肌纤维性震颤、血压上升、肌紧张度减退（特别是呼吸肌)、脉搏频数等（图5.4）。

（3）中枢神经系统症状：表现为兴奋不安，体温升高，抽搐，昏睡等，中毒羊兴奋不安，冲撞蹦跳，全身震颤，渐而步态不稳，以至倒地不起，在麻痹下窒息死亡。

当然，并非所有具体病例都将明显表现上述症状。

图5.4　患羊出现局部麻痹症状

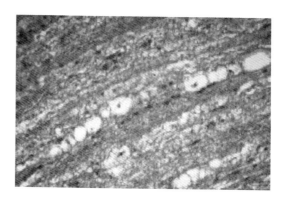

图5.5　脊髓轴索变性

经消化道吸收中毒在10小时以内的最急性病例，除胃肠黏膜充血和胃内容物可能散发蒜臭味外，常无明显变化。经10小时以上者则可见其消化道浆膜散在有出血斑，黏膜呈暗红色，肿胀，且易脱落。肝脏、脾脏肿大。肾混浊肿胀，被膜不易剥离，切面呈淡红褐色且境界模糊。肺脏充血，支气管内含有白色泡沫。心内膜可见有不整形的白斑。

不久后，尸体内泛发浆膜下小点出血，各实质器官都发生混浊肿胀。皱胃和小肠发生坏死性出血性炎，肠系膜淋巴结肿胀、出血。胆囊膨大、出血。心内、外膜有小出血点。肺淋巴结肿胀、出血。切片镜检时，尚可见肝脏组织中存在有小坏死灶。小肠的淋巴滤泡也有坏死灶。

【诊断要点】

确定有无接触有机磷农药的病史。呼出气、呕吐物、分泌液、皮肤等有蒜臭味。具有胆碱能神经兴奋时所特有的症状。进行实验室检查：包括血液胆碱酯酶活性测定，对饲料、饮水、胃内容物和体表冲洗液等进行有机磷农药的测定，尿中有机磷分解产物的检查等。根据以上症状和检查可确诊。

【防治措施】

（1）预防：严格农药管理制度和使用方法，不在喷洒农药地区放牧，拌过农药的种子不得喂羊。用喷洒过有机磷农药的野草喂羊前，应反复用清水冲洗浸泡。生产部门，有毒农药的贮存、运输、保管、使用都须有专人负责。

（2）治疗：

1）立即清理体表及消化道毒物，用2%小苏打水反复洗胃，再灌入盐类泻剂。可用硫酸镁或硫酸钠30～40克，加水适量一次内服。取2%碳酸氢钠1 000～2 000毫升，用胃导管反复洗胃。另外，静脉注射5%葡萄糖或生理盐水500～1 000毫升，维生素C0.3克。

2）应用特效解毒剂，可用解磷定、氯磷定，按每千克体重15～30毫克，溶于5%葡萄糖溶液内，静脉注射，以后每2～3小时注射1次，剂量减半，根据症状缓解情况，可在48小时内重复注射；或用双解磷、双复磷，其剂量为解磷定的一半，用法相同；用硫酸阿托品，按每千克体重10～30毫克，肌内注射。阿托品可重复用至出现阿托品化(出汗、瞳孔散大，流涎停止)。症状不减轻时可重复应用解磷定和硫酸阿托品。

3）对症治疗。兴奋呼吸系统可用尼可刹米。脱水明显用5%葡萄糖盐水或复方盐水补充体液和促进毒物排泄。

4）中药疗法。可用甘草滑石粉。即用甘草500克煎水，冲和滑石粉，分次灌服。第一次冲服滑石粉30克，10分钟后冲服15克，以后每隔15分钟冲服15克。一般5～6次即可见效。每次都应冷服。

第六章　羊的营养代谢病

一、维生素缺乏症

（一）维生素A缺乏症

维生素A缺乏症，是由维生素A或其前体胡萝卜素缺乏或不足所引起的一种营养代谢病。多发于初春、秋末和冬季。主要因长期舍饲或冬春季节青绿饲料不足，而导致发病。

【病因】

本病的发生是由于羊的饲料中缺乏胡萝卜素或维生素A；饲料调制加工不当，使其中脂肪酸败变质，加速饲料中维生素A类物质的氧化分解，导致维生素A缺乏。当羊处于蛋白质缺乏的状态下，便不能合成足够的视黄醛，结合蛋白质运送维生素A。脂肪不足会影响维生素A类物质在肠中的溶解和吸收。因此，当蛋白质和脂肪不足时，即使在维生素A足够的情况下，也可发生功能性的维生素A缺乏症。对维生素A的需要量增多，可引起维生素A相对缺乏，如妊娠和哺乳母羊以及生长发育快速的羔羊，对维生素A的需要量增加；消耗增多，如慢性肠道疾病和肝脏有病的羊，最易继发维生素A缺乏症。此外，饲养管理不良，羊舍污秽不洁、寒冷、潮湿、通风不良，过度拥挤，缺乏运动以及阳光照射不足等因素，都可诱发该病。

【临床症状】

缺乏维生素A的病羊，特别是羔羊，最早出现的症状是夜盲症，常发现在早晨、傍晚或月夜光线朦胧时，患羊盲目前进，碰撞障碍物，或行动迟缓，小心谨慎；继而骨骼异常，使脑脊髓受压和变形，上皮细胞萎缩，常继发唾液腺炎、副眼腺炎（图6.1）、肾炎、尿石症等；后期病羔羊的干眼症尤为突出，导致角膜增厚和形成云雾状。

【诊断要点】

根据病史、临床症状及病理变化等特征可做出初步诊断。要确诊还需进行实验室检查。

图6.1　继发副眼腺炎，第三眼睑赘生突出

【防治措施】

（1）预防：①加强饲料的管理，防止饲料发热、发霉和氧化，以保证维生素A不被破坏。②在冬季饲料中要有青贮饲料或胡萝卜，秋季贮收的干草要绿；长期饲喂枯黄干草应适当加入鱼肝油。

（2）治疗：①给病羔羊口服鱼肝油，每次20～30毫升；②用维生素A、维生素D注射液，肌内注射，每次2～4毫升，每天1次；③在日粮中加入青绿饲料及鱼肝油，可迅速治愈。

（二）维生素B_1缺乏症

维生素B_1缺乏症是由于饲料中硫胺素不足或饲料中存在硫胺素的拮抗物质而引起的一种营养缺乏病。主要发生于羔羊。

【病因】

本病的发生主要是由于长期饲喂缺乏维生素B_1的饲料，体内硫胺素合成障碍或某些因素影响其吸收和利用。初生羔羊瘤胃还不具备合成能力，仍需从母乳或饲料中摄取。

日粮中含有抗维生素B_1物质，如羊采食羊齿类植物（蕨菜、问荆或木贼）过多，因其中含有大量硫胺酶，可使硫胺素受到破坏。长期大量应用抗生素等，可抑制体内细菌合成维生素B_1。

【临床症状及病理变化】

成年羊无明显症状，体温、呼吸正常，心跳缓慢，体重减轻，腹泻和排干粪球交替发生，粪球表面有一层黏液，常呈串珠状。病羔羊有明显的神经症状，主要表现为共济失调，步态不稳，有时转圈，无目的地乱撞，行走时摇摆，常发生强直性痉挛和惊厥，颈歪斜，呈僵硬状（图6.2、图6.3）。

剖检可见尸体消瘦、脱水，头向后仰；肝脏呈土黄条纹，胆囊肿大、充盈，胆汁浓稠；胸腔中有多量淡绿色渗出液，肠黏膜脱落，肠壁菲薄，有出血现象；心肌松软，心冠有出血点，右心室扩张，心包积液；脑灰质软化，有出血点及坏死灶。

181

图6.2　四肢伸直，头向后侧弯曲

图6.3　发病后期患羊侧卧、抑郁、周期性抽搐

【诊断要点】

取肝、脾、组织及血液涂片镜检，未发现可疑致病菌。根据发病情况、临床症状及剖检变化，初步诊断为绵羊维生素B_1缺乏症。给病羔羊注射2.5%的维生素$B_1$4毫升，每

天1次。同时补饲精料，并于饲料中适量添加维生素B₁粉和口服补液盐。次日症状明显缓解，至第4天病羊全部康复。

【防治措施】

发病地区多处高寒，环境恶劣，加之饲养管理不当，饲料单一是引发该病的主要原因。小尾寒羊产仔多，低水平饲养条件下母乳不能满足羔羊的营养需要，而且羔羊生长速度快，如果摄入维生素不足，就可使羔羊生长发育迟缓甚至死亡，使养殖业遭受损失。所以加强饲养管理，保证羔羊饲料营养充足，在精料中按正常量补加维生素、微量元素，加喂适量食盐，能有效预防该病的发生。

（三）白肌病

白肌病是绵羊羔及仔山羊发生的以心肌与骨骼肌发生变性，患病严重的骨骼肌呈灰白色，病羊步态僵硬为特征的营养性疾病，一些地方称为僵羔。本病多发生于春夏交接之时，沙土或沼泽地区发生较多，呈地方流行性，羔羊及仔山羊最易患病。死亡率有时高达40%～60%。怀孕母羊患病可引起流产。

【病因】

本病为营养性疾病，主要是由于维生素E和微量元素硒缺乏所引起。据分析，当饲料中硒的含量低于0.1毫克／千克和维生素E不足时，就可能发生硒-维生素E缺乏病。羔羊缺硒病呈区域性分布，主要集中在我国中西部地区。在严重缺硒地区，白肌病的发病率极高。

动物机体在代谢过程中产生一些过氧化物，它能使细胞和亚细胞（线粒体、溶酶体等）的脂质膜受到破坏，引起细胞变性、坏死。谷胱甘肽过氧化物酶在分解这些过氧化物中起着重要作用，而硒是该酶的主要组成成分。所以缺硒的动物，该酶的活性降低。如果补充了硒，就可提高该酶的活性，从而提高抗氧化作用，使组织免受体内过氧化物的损害，而保护细胞的正常功能。

【临床症状及病理变化】

（1）绵羊羔：羔羊常于放牧及采食时突然倒地死亡，或出现典型症状后1～2天内死亡。病羔体温正常，胃肠蠕动无显著变化；心律不齐；病程较长者，最初精神沉郁，离群，无力走动，食欲减少或废绝，以后卧地不起，颈部僵直而偏向一侧；如果强迫起立，轻者走路摇摆，肢体僵硬；还有部分病羔会出现腹泻症状。剖检可见肌内发生对称性病变，即身体两侧的同种肌肉发生病变，其后腿最为明显。多见为臂二头肌、臂三头肌、肩胛下肌、股二头肌及胸下锯肌等。病变肌肉呈弥散性或局限性的浅黄色或灰黄色，有时为白色，肌组织干燥（图6.4），表面粗糙不平；少数病例肌肉硬化，有钙盐浸润。肌肉中钙含量增加至14%～15%，而正常者仅为2%。心包中有透明的或红色液体，心肌带灰色，较柔软，有时有出血点。心室扩大。

（2）仔山羊：发病初期，外部并无任何可见症状。之后表现精神沉郁，被毛竖立而粗乱，食欲略减或废绝。在羊群中发病的最初阶段，可以见到有部分病羊起立不便，喜卧、跛行、行走困难。站立时肌肉颤抖，特别是在肩臂部和股部肌肉，严重时对周围刺激反应迟钝。多数病羊表现呼吸粗粝，次数增多；结膜潮红，边缘稍黄；体温一般正常；听诊时，心跳加快，节律不齐，有间歇。少数病羊伴有顽固性下痢。

剖检可见尸僵完全或不完全血液凝固不良。心脏极度扩张，心肌厚薄不均，颜色淡。心肌变性，心内膜下(尤其是右心内膜下)心肌和乳头肌周围有灰黄色条纹（图6.5），顺着肌纤维方向存在，状似虎斑。将病变部切开时，可见心肌纤维粗糙、色淡，其结构如木质纤维。骨骼肌变性，尤其是前后肢肌（冈下肌、肩胛下肌、下锯肌、臂二头肌、臂三头肌、半腱肌、股直肌）和背最长肌变性比较明显，肌纤维粗糙，颜色淡白，其中夹杂着颗粒性增生物，并有瘀血小点。肠系膜淋巴结肿胀，柔软，切面多汁，压之有大量乳白色液体流出；切面上有小粒状突出物。真胃发炎、出血；十二指肠、空

183

肠、回肠和部分盲肠黏膜呈紫红色，充血或出血，其内容物呈红色粥状。大部分病例的肠壁滤泡肿胀。

（3）母羊：硒-维生素E缺乏的可能出现不孕，或死胎、流产等症状。

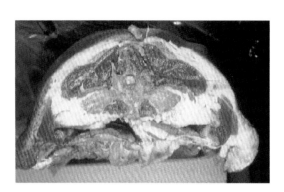

图6.4　双侧腰肌呈明显的苍白色

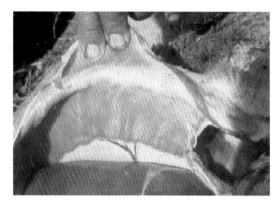

图6.5　膈膜典型的灰黄色条纹

【诊断要点】

根据病羔病史、临床症状及病理变化可做出初步诊断。其中死后的剖检所见，可作为诊断的主要依据。最明显者为肌内有灰白色条纹存在，尤以后肢最为多见。此外，病羔的血清谷草转氨酶超过200单位/毫升，尿中含有大量肌酸，也可作为临床诊断的重要根据之一。

【防治措施】

（1）预防：

1）应用0.2%亚硒酸钠皮下注射，预防效果良好。具体方法如下：

a.注射年龄：1～2月出生的羔羊，在20日龄左右注射，一般不要晚于25日龄；3月及以后出生的羔羊，一般在出生后半月时注射；尤其是3月以后出生的羔羊，最晚不能超过20日龄。

b.注射次数：一般进行两次预防注射，第一次注射后，间隔20天再进行第二次注射。如果羔羊在40～50天大时，天气连阴多雨，干草质量不好，青草又不能正常供应时，还可以进行第三次预防注射。

c.注射剂量：应用0.2%亚硒酸钠溶液，每只羊第一次1毫升，第二、三次各1.5毫升，做颈侧皮下注射。

亚硒酸钠溶液的配制方法是亚硒酸钠0.2克，加注射用水100毫升，盛入灭菌瓶内，待溶解后备用。配制液一般不需要过滤和消毒。

2）在分娩之前给母羊皮下注射亚硒酸钠一次。用量为4～6毫克。

3）供给孕羊维生素A、维生素D、维生素E及磷酸盐：在冬季可喂给豆科干草(干苜蓿最理想)、胡萝卜、大麦芽与骨粉。如在产后才发现产前饲料中缺乏维生素A和维生素E，可以及早同时肌内注射维生素A和维生素E。

当仔羊群中已经发病，应在治疗病羊的同时，给未发病羊注射治疗量的维生素A和维生素E，或者用青苜蓿制作饲料膏，或者在饲料中拌入棉籽油。

（2）治疗：将病羊放于宽敞通风的圈舍中隔离饲养，限制活动，减少刺激。具体治疗方法如下：

1）给日粮中增加燕麦或大麦芽，补给磷酸钙，亦可拌入富含维生素E的植物油，如棉籽油、菜油等。

2）用0.2%亚硒酸钠溶液一次皮下注射。用量为1.5～2毫升。亚硒酸钠对局部有刺激性，用药后部分羊不安，或有1～2次食欲减少，少数羊注射部位溃烂脱皮，都是正常现象，不必惊怕。

3）皮下或肌内注射维生素E，剂量为10～15毫克，每天1次，连续应用，直到痊愈为止。

（四）育肥羊黄脂病

黄脂病是以动物体内脂肪组织呈现黄色为特征的一种色素沉积性疾病,俗称黄膘,有的又称为黄脂肪病或营养性脂膜炎。多是由于在快速育肥过程中饲料中能量与蛋白平衡失调、不饱和脂肪酸过多、维生素E缺乏或两种情况同时存在时,不饱和脂肪酸氧化增强,产生的蜡样色素在脂肪组织中沉积,导致脂肪变黄而形成的一种营养代谢性疾病。

【病因】

黄脂病发生的原因有病理性因素、药物性因素、饲料因素,其中饲料因素往往是形成黄脂病的最常见的原因,主要包括以下几个方面。

（1）饲料中不饱和脂肪酸含量过高:饲料中高脂肪、高能量、易酸败原料过多,使机体内维生素E的消耗量大增,引起机体内维生素E相对缺乏,导致抗酸色素在脂肪组织中沉积,促使黄脂产生。

（2）饲料中色素含量高的原料过高:饲料中含植物色素的原料(如紫云英、胡萝卜等)或染色掺假原料(棉粕、柠檬酸渣、假DDGS等)含量较高,动物采食后染料沉积到脂肪上,也会形成黄脂。

（3）饲料发生霉变:长时间给羊饲喂感染黄曲霉的饲料,也能引起羊脂肪淡黄色。

（4）饲料配方或生产工艺不合理:饲料中铜含量过高可使饲料中的油脂氧化酸败加快,导致黄脂。维生素E缺乏降低了机体的抗氧化性,也会导致黄脂。同时,饲料生产过程中产生的热量和水蒸气及饲料贮存时间过长,也会导致饲料中不饱和脂肪酸过氧化发生酸败,促使黄脂形成。

【临床症状及病理变化】

多数羊只没有异常,体温、脉搏、呼吸正常,个别羊不爱吃食,不爱活动,乏力无神,多数呼吸困难。经过综合治疗不见好转,病情逐渐加重,可见到眼结膜黄染,苍白，大约10天左右衰竭死亡。

屠宰时发现血液黏稠、发黑，凝固不良；全身脂肪变黄，表现为皮下脂肪、肠系膜脂肪、肾脂肪、囊脂肪、肌间脂肪、心脏冠状沟脂肪等均呈黄色；胆囊肿大，胆汁浓缩；肝脏轻度肿大，色黄质脆，肺脏呈土黄色；肾脏发黑，质软易碎，切面多汁，皮质部呈紫黑色，髓质呈黄色。膀胱内尿液呈黑紫色或黄色。腹水呈黄色。肌肉颜色正常，松软不坚实，个别有异常腥味，外观性差。

【诊断要点】

根据脂肪黄色的剖检变化和饲料中油脂比例大以及维生素E含量少的问诊内容，初步判定为羊黄脂病。

为准确予以判定，使用氢氧化钠法进行了黄脂肉的检测试验，结果上层乙醚呈黄色，下层液体无色，表明检样确实为黄脂肉。

【防治措施】

定期监测用量大、脂肪含量高的原料中不饱和脂肪酸的氧化程度，杜绝使用严重氧化酸败的原料。减少饲料中油脂尤其是不饱和脂肪酸的含量，如果油脂量无法减少，可改用饱和性脂肪酸。

饲料中添加维生素E，按照缺少量予以补足。维生素E摄取量每头每天不少于400毫克。

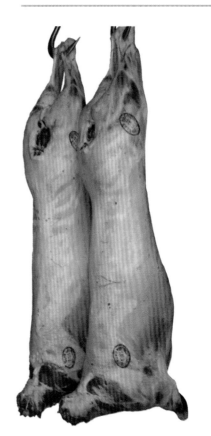

图6.6　正常羊与黄脂病羊对比，皮下脂肪变黄

187

二、常量元素和微量元素缺乏症

（一）骨质软化病

骨质软化病是成年羊的一种慢性无热性疾病，其特征为全身性矿物质代谢紊乱和进行性脱钙，骨骼软化变形，疏松易碎。主要见于母山羊，绵羊发生较少。

【病因】

一般都认为钙质不足为主要原因。下列各种情况下可以引起发病。

（1）钙、磷量供给不足：①地区性缺钙在低洼的沼泽土、泥炭土或沙土地区，土壤中的磷酸和钙的含量都很少，容易发生本病。②长期饲喂天然缺乏钙、磷的饲料，如喂给精料及多汁饲料中的甜菜、马铃薯、酒糟、甜菜渣等，又没有补喂骨粉或其他钙盐。③在干旱的年份，由于土壤表层的矿物质盐类不能充分溶解，以致不能被植物的根毛所吸收，在这种情况下生长的植物中，就缺乏磷酸和钙质。④饮水中含钙盐很少。

（2）饲料中的钙、磷比例不当：正常饲料中的钙、磷比例应为1.5：1或者2：1，如果含磷过多，可以在体内产生磷酸，而将钙从骨中脱出，引起脱钙现象，使骨质疏松变软。而高钙日粮，可加重缺磷性骨软症的病情。

（3）钙的需要量增加：怀孕母羊因为供给胎儿生长的需要，矿物质代谢加强，对钙的需求就比较高。泌乳母羊在产奶盛期，大量钙、磷随着奶汁排出。以上情况都要求供给大量的钙、磷，如果还按一般需要量供给，就会发生钙、磷相对缺乏的现象。

（4）维生素D不足：饲料中缺乏维生素D，或者因为长期消化紊乱而吸收利用率降低。

（5）其他原因：如衰老、运动不足以及个体的特点等，都与病的发生有关。

【临床症状】

在临床上，除了骨骼发生变化外，还有很多全身症状。从疾病的发展来看，可以分成三个阶段：

（1）最初阶段：精神不好，食欲改变，味觉异常。病羊躺卧，喜欢啃吃石、砖、黏土、水泥及被煤烟所污染的或腐朽的木器，以及墙壁的涂抹物。随着疾病的发展，味觉异常逐渐加剧，喜食带有恶臭气味的物体，如找食圈舍中被粪便污染的物体。最后，不吃质地良好的饲料，也不愿喝清洁的饮水，只喜吃垫草和饮用粪汁和尿。食欲由减退直到完全消失。

（2）第二阶段：表现出明显的骨质软化病的特征。病羊不愿起立。当驱赶起立时，弯背站立，四肢叉开，勉强能走，微小的肌肉运动都会伴有呻吟声。行走和起立时可听到关节中发出响声。压其背骨、关节和脊柱时，非常敏感，叩诊时有疼痛。母羊泌乳减少或完全停止。妊娠后往往发生流产。

（3）第三阶段：特征为骨的进行性软化。骨变弯曲，在极轻微的影响下，如突然起立、不小心地运动、转弯以及躺下时都容易发生骨折（图6.7、图6.8）。山羊的头骨膨大，有时骨盆骨膨大；头增大，面骨与颌骨膨起，硬腭突入口腔，使口腔闭合与咀嚼发生困难甚至成为不可能。在这一阶段中，羊只不愿起立；往往能在原地姿势不变地躺卧24小时以上。在企图站立时，呼吸心跳加剧，并且会因为力量衰弱而又立刻倒下去。如果用手指压迫骨头，可以感到有弹性，很容易压缩下去，这种现象在头和骨盆的扁骨上表现特别明显。由于臀部骨的疼痛、骨折或个别腱从固着处脱离，能够发生麻痹状态。

山羊的骨质软化病可以分为两种类型：一种主要表现为面骨与颅骨的剧烈膨大（骨质疏松），脊柱与骨盆骨软化，而四肢病变较轻，头稍能运动；另一种表现为运动紊乱，顽固地卧地不起，臀部呈麻痹状态，拒食，有强直性痉挛，应激性增高。在痉挛发作时，血中钙的百分比有时降低，而磷的百分比则常增高。

图6.7　病羊营养不良，脊柱明显弯曲（杨鸣琦）

图6.8　骨营养不良。矿物质不平衡导致肋软骨交接处骨质退化

【诊断要点】

　　本病依据异嗜、跛行和骨骼肿大变形等特征性临床表现，结合饲料成分分析结果，可以做出诊断。

【防治措施】

　　（1）预防：注意饲料搭配。在怀孕和泌乳期间，注意满足其钙、磷的需要。

　　（2）治疗：①首先必须改变饲料，给予相应的饮食疗法：饲喂富含钙磷的饲料，如三叶草、豆科干草与稿秆，以及燕麦、油饼和青饲料，饮给硬水；②喂给食盐、纯钙与磷的制剂或带有鱼肝油的制剂，日粮中加入骨粉与蛋壳；③为了减轻异嗜癖，可以适量喂给碱剂(小苏打)；④对于泌乳的羊，可以少量挤奶或停止挤奶，限制精料给量，并给予中等剂量的泻剂；⑤用石英灯紫外线治疗，可获得良好效果，每次照射时间为15~30分钟，距离光源为1米；⑥对较重的病例，除补饲骨粉外，配给静脉注射钙磷制剂，如30%次磷酸钙注射液20毫升，每天1次，连用3~5天。同时注射维生素D_2，每次1~2毫升，隔1~2天1次，连续多次。

（二）佝偻病

佝偻病亦名小羊骨软症，俗称弯腿症，是羔羊迅速生长时期的一种慢性不发热疾病，属于维生素缺乏症。其特征为钙磷代谢紊乱，骨的形成不正常。严重时骨骼发生特殊变形。绵羊羔和山羊羔都可发生。

【病因】

本病的发生主要是由于维生素D的含量不足，导致羔羊体内维生素D缺乏，直接影响钙、磷的吸收和血液内钙、磷的平衡；此外，即使维生素D能满足羔羊的需要，但母乳中钙、磷比例不当或缺乏，以及其他原因的营养不良，也可诱发本病。

【临床症状】

病羊症轻者主要表现为生长迟缓，异嗜。喜卧不活泼，卧地起立缓慢，往往出现跛行，行走步态摇摆，四肢负重困难。触诊关节有疼痛反应，病程稍长则关节肿大，以腕关节、关节、球关节较明显（图6.9、图6.10）；长骨弯曲，四肢可以展开，形如青蛙。患病后期，病羔以腕关节着地爬行，躯体后部不能抬起。重症者卧地，呼吸和心跳加快。

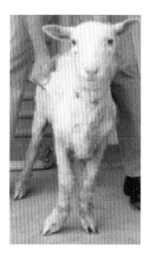

图6.9　羔羊表现为向内的肢体球节

图6.10　显著向外弯曲的前肢腕骨

剖检可见长骨发生变形，但无显著眼观损害。股骨、胫骨末端及肋骨在显微镜下检查，发现骨骺板和关节软骨撕裂，有些骨骺板弯入骨髓，大小不同的软骨细胞形成长柱，由骨骺板突入髓端，或者处于骨骺板下方，与骨骺板相分离；不同密度的结缔组织显著长进骨骺板的下方；骨骺板内存在着未成熟的骨小梁、变形的软骨细胞灶和骨样灶。骨的其他部分正常。

【诊断要点】

本病主要根据迅速生长的羔羊表现步态僵硬，尤其是掌骨和蹠骨远端骨骺变大、有明显的疼痛性肿胀，以及饲料中钙、磷或维生素D缺乏，可做出诊断。

放射照像有骨髓变宽和不规则，即证明是佝偻病。

羔羊佝偻病必须与衣原体和丹毒性关节炎相鉴别，后两种疾病于剖检时容易诊断。

羔羊佝偻病剖检可见长骨发生变形，但无显著眼观损害。股骨、胫骨末端及肋骨在显微镜下检查，发现骨骺板和关节软骨撕裂，有些骨骺板弯入骨髓，大小不同的软骨细胞形成长柱，由骨骺板突入髓端，或者处于骨骺板下方，与骨骺板相分离；不同密度的结缔组织显著长进骨骺板的下方；骨骺板内存在着未成熟的骨小梁、变形的软骨细胞灶和骨样灶，骨的其他部分正常。

【防治措施】

（1）预防：①加强怀孕母羊和泌乳母羊的饲养管理，饲料中应含有较丰富的蛋白质、维生素D和钙、磷，并注意钙、磷配合比例；供给充足的青绿和青干草；补喂骨粉；增加运动和日照时间。②羔羊饲养更应注意，有条件的喂给干苜蓿、胡萝卜、青草等青绿多汁的饲料，并按需要量添加食盐、骨粉、各种微量元素等。

（2）治疗：用维生素A、维生素D注射液，3毫升肌内注射；精制鱼肝油，3毫升灌服或肌内注射。补充钙制剂可用10%的葡萄糖酸钙注射液5～10毫升。

（三）低血镁症

低血镁症，又称青草搐搦、缺镁痉挛症，是反刍动物常见的由于矿物质代谢障碍而发生的以兴奋、痉挛等神经症状为特征的疾病。多发生于夏季高温多雨时节，尤以产后处于泌乳盛期的母羊为常见。

【病因】

本病是由于极为复杂的无机物代谢异常，当动物大量采食含钾离子高的饲草饲料后，动物血液钾离子增高，则抑制机体对镁离子的吸收，导致羊血镁降低。另外，日粮中含氮量高，羊采食后在瘤胃内可产生大量氨，氨与镁易形成不溶性的硫酸铵镁而使镁离子的吸收受阻，造成血镁过低，引起羊缺镁性痉挛。

本病多发生于夏季，高温多雨，青草生长旺盛，尤其是生长在低洼、多雨、施氮肥和钾肥多的青草，不仅含镁量很低，而且含钾或氮偏高，羊长时间放牧或长期饲喂这样的青草，就会造成血镁过低而发病。另外与绵羊相比，山羊的耐受性要低，发病率和死亡率要高于绵羊。

【临床症状】

（1）急性型：病羊表现兴奋不安，突然倒地，头颈侧弯，牙关紧闭，口吐白沫，瞬膜外突，心动过速，出现阵发性或强直性痉挛，粪尿失禁。抢救不及时很快死亡（图6.11）。

（2）慢性型：走路缓慢，活动不便，后倒地，也可由急性转为慢性，最后常因全身肌肉抽搐使病情恶化而死亡。

图6.11　低血镁症：头颈侧弯，牙关紧闭，口吐白沫，强直性痉挛

【诊断要点】

在施氮肥和钾肥多的人工草场放牧的羊群呈现兴奋痉挛等神经症状，可怀疑本病，最终诊断需血镁含量的测定结果。测定血镁含量：血镁含量在1.1～1.8毫克为轻症，0.6～1.0毫克为重症，0.5毫克以下为严重型。

【防治措施】

（1）预防：

1）加强草场管理：对镁缺乏土壤应施用含镁化肥，当然其用量按土壤pH值、镁缺乏程度和牧草种类而有所差别。同时要控制钾化肥施用量，防止破坏牧草中矿物质的镁、钾之间平衡。

2）放牧羊群：首先要对羊群补饲镁制剂，在放牧前1～2周内可往日粮中添加镁制剂补料，如在饮水和日粮中添加氯化镁、氧化镁和硫酸镁等，每只羊每天补饲量不超过12克为宜。近些年来，一些国家为预防本病发生，在瘤胃内放置镁缓释物，在一定时期内起到补充镁的作用。

（2）治疗：

1）注意对病羊加强护理，停喂缺镁饲草及日粮。将病羊置于安静、无过强光线和任何刺激的环境饲养。对不能站立而被迫横卧地上的病羊应多铺褥草，时时翻转卧位，并施行卧位按摩等措施，防止压疮发生。

2）针对病性补给镁和钙制剂有明显效果。用25%硫酸镁注射液40毫升、20%葡萄糖酸钙注射液50毫升1次缓慢静脉注射。

除上述药物治疗外，可针对心脏、肝脏、肠道机能紊乱等情况，给些对症疗法的药物，以强心、保肝和止泻等为主，必要时应用抗组胺制剂进行治疗。

（四）铜缺乏症

铜缺乏症是动物体内铜含量不足所致的一种重要营养代谢性疾病，又称为摇摆病，其特征是贫血、腹泻、运动失调和被毛退色。本病在世界各地均有报道，常呈地方流行或大群发生。绵羊和山羊是最为易感动物。

【病因】

（1）日粮铜缺乏：是引起羊机体缺铜的主要原因，由于生长在低铜土壤上的饲草或土壤中铜的可利用率低所致。一般认为，饲料中铜低于3毫克/千克即可引起发病，3～5毫克/千克为临界值，10毫克/千克以上能满足动物的需要。

（2）日粮中存在影响铜吸收的因素：当饲草、饲料中钼含量过多时，可妨碍铜的吸收和利用。饲料中锌、镉、铁、铅和硫酸盐等过多，影响铜的吸收，造成机体铜缺乏。饲草中植酸盐含量过高，可与铜形成稳定的复合物，降低动物对铜的吸收。饲料中的蛋氨酸、胱氨酸、硫酸钠、硫酸铵等含硫物质过多，经过瘤胃微生物的作用均可转化为硫化物。后者与钼共同形成一种难溶解的铜硫钼酸盐复合物，可降低铜的利用。

【临床症状】

运动障碍是羔羊铜缺乏的主要症状，故又称为摆腰病。主要危害1～2月龄的羔羊。早期症状为两后肢呈八字形站立，驱赶时后肢运动失调，跗关节屈曲困难，球节着地，后躯摇摆，极易摔倒，快跑或转弯时更加明显；呼吸和心率随运动而显著增加。严重者做转圈运动，或呈犬坐姿势，后肢麻痹，卧地不起，最后死于营养不良。羔羊随年龄增长，后躯麻痹症状可逐渐减轻。

绵羊铜缺乏时，被毛柔软，光滑，失去弯曲，黑毛颜色变浅。贫血是多种动物严重长期缺铜的常见症状，发生于铜缺乏的后期。羔羊主要表现低色素小红细胞性贫血，而成年羊则呈巨红细胞性低色素性贫血。腹泻羊继发性铜缺乏的常见症状，粪便呈黄绿色或黑色水样，腹泻的严重程度与钼的摄入量成正比。此外，母羊的发情表现常不明显，不孕或流产，奶羊产奶量下降，其羔羊生长不良。

铜缺乏的特征病变是贫血和消瘦。骨骼的骨化推迟，易发骨折，严重时表现骨质疏松。地方性铜缺乏的最主要组织病变是小脑束和脊髓背外侧束的脱髓鞘。在少数严重病例，脱髓鞘病变也波及大脑，白质结构发生破坏，出现空洞。并且有脑积水、脑脊髓液增加和大脑回几乎消失等病理变化。肝脏、脾脏和肾脏有大量含铁血黄素沉着。

铜缺乏的初期体内铜贮备大量消耗，但血液铜水平变化不明显，随着摄入的铜继续不足，血液铜水平逐渐下降。

图6.12 左边为铜缺乏绵羊：被毛缺乏弯曲和柔韧性

图6.13 先天性背部凹陷（左边）的羔羊由于大脑空洞而无法站立

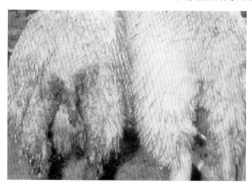

图6.14 羔羊慢性铜缺乏出现持续性腹泻（左边）

【诊断要点】

根据病史和特征病变可以做出怀疑诊断，要确诊还需进行实验室的检测，主要机体矿物元素的分析检测。健康绵羊超过200微克/克，低于80微克/克时为缺乏。血清铜含量在0.19～0.57微克/毫升为临界值，低于0.19微克/毫升为功能缺乏或低铜血症，此时绵羊表现生产性能降低和功能紊乱。健康绵羊的被毛铜含量为3.68微克/克±0.74微克/克。铜缺乏绵羊的被毛铜含量为2.17微克/克±0.36微克/克。

【防治措施】

(1)日粮中添加硫酸铜，最低铜水平为5微克/克。

(2)在妊娠中后期口服硫酸铜1～1.5克，每周一次，能预防幼畜铜缺乏症，也可在幼畜出生后口服铜制剂。

(3)可用矿物质添加剂舔砖，舔砖中硫酸铜的含量羊为0.25%～0.5%。

(4)经口投服含硒、铜、钴等微量元素的长效缓释丸，在瘤胃和网胃中缓慢释放微量元素。

(5)可在饮水中添加硫酸铜，让羊自由饮用。

(6)给低铜草地施用含铜肥料，每公顷5.6千克硫酸铜，能显著提高牧草中铜的含量。

治疗铜缺乏症比较简单，但如果神经系统和心肌受到严重损伤时，病羊将不能完全康复。羊口服硫酸铜1～2克，每周一次，连用3～5周。在日粮中添加铜，使硫酸铜的水平达25～30微克/克，连喂2周效果显著。也可将矿物质添加剂舔砖中硫酸铜的水平提高至3%～5%，让其自由舔食，或按1%剂量加入日粮饲喂动物。

（五）钴缺乏症

钴缺乏症，又称营养不良、地方性消瘦。本病临床上以食欲减退、贫血和消瘦为特征。仅发生于绵羊、山羊和牛等反刍动物。

【病因】

在正常情况下，绵羊第一胃中微生物的生长、繁殖都需要钴，并利用钴合成维生素B_{12}。维生素B_{12}不仅是反刍动物的必需维生素，而且是瘤胃微生物的必需维生素。但当牧草中缺乏钴时，则维生素B_{12}合成不足，直接影响瘤胃微生物的生长繁殖，从而影响纤维素的消化。因此，缺钴时，可引起反刍动物能量代谢障碍，使动物消瘦和虚弱。钴还加速体内铁的动员，促进造血功能。主要是由于土壤中含钴量太低，造成牧草中元素钴的含量低于羊的需要水平，由此可知，放牧在缺钴草地上的羊群，容易患钴缺乏症。

【临床症状】

病羊主要表现为渐进性的消瘦和虚弱，毛生长缓慢（图6.15），最后发生贫血症，结膜及口、鼻黏膜发白。常常发生下痢，眼睛流出水样分泌物（图6.16）。毛的生长也受到影响。小羊比成年羊的表现严重。但只要钴缺乏达到数月，任何年龄的羊都会死亡。如果将病羊转移到钴正常地区，可以很快痊愈，若返回发病地区，又会重新发病。

图6.15　羔羊渐进性消瘦，毛生长缓慢

图6.16　眼睛流泪

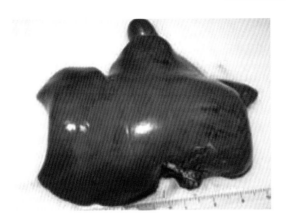

图6.17　月龄羔羊出现肝脏肿大、易碎，脂肪样变性

【诊断要点】

在怀疑患有钴缺乏症时，试用钴制剂治疗，观察有无良好反应。最重要的是先要获得确切的诊断。但困难的是，此病的症状与很多病的症状相同，尸体剖检也没有特征性变化，因此常常会在诊断上造成混淆。为了获得正确诊断，最好是对土壤、牧草进行钴的分析，土壤钴含量低于3毫克/千克，牧草中钴含量低于0.07毫克/千克，可认为是钴缺乏。同时要注意与寄生虫、缺铜、缺硒等引起的消瘦症相区别。

【防治措施】

（1）预防：据报道，每只羊每月给予一次250毫克的钴，具有显著的预防效果，而且也不至于发生中毒。如果在饲料中含有0.07～0.8微克/克干物质的钴，就能保证羊只的健康。

（2）治疗：

1）在疾病还不十分严重时，如果能转移到其他地区，往往可以迅速恢复。

2）羔羊在瘤胃未发育成熟之前，可肌内注射维生素B_{12}，每次100～300微克。

3）口服氯化钴或硫酸钴，用法为每只羊每天1毫克钴，连用7天，间隔两周后重复用药，或每周两次，每次2毫克；或每周一次，每次7毫克钴。亦可按每月一次，每次300毫克等，不仅可减少死亡，而且可使动物生长较快。

（六）锌缺乏症

锌缺乏症是由于饲草、饲料中锌含量过少而引起的一种微量元素缺乏症。其临床特征是生长发育受阻、皮肤角化不全、骨骼异常和繁殖机能障碍。

【病因】

（1）原发性锌缺乏：主要是由于羊日粮中元素锌的含量低下所致，研究发现，当饲喂锌含量在20～33毫克/千克以下日粮时可出现本病。

（2）继发性锌缺乏：是由于饲喂的饲料中含有过多的钙或植酸钙镁等，阻碍羊机体对饲料中锌吸收和利用，而发生锌缺乏症。

【临床症状】

（1）严重缺锌时，病羊皮肤角化不全，脱毛，尤以鼻端、尾尖、耳部、颈部损伤最为明显；趾间皮肤增殖，发生蹄病；繁殖机能紊乱，母羊发情延迟、不发情或发情配种不妊。

（2）羔羊缺锌是发育不良。鼻镜、阴门、肛门、后肢和颈部等处皮肤易发生角化不全、瘙痒、干燥、皲裂、肥厚、弹性减退，四肢、阴囊、鼻孔周围、颈部等处的毛脱落，出现皱襞（图6.18、图6.19）。后肢弯曲，关节肿胀、僵硬，四肢乏力，步态强拘。

（3）公羊缺锌会引起精液量和精子减少，活力降低，性欲下降。

剖检变化不明显，即使有也仅见病羊口腔、蜂巢胃和真胃黏膜肥厚，蜂巢胃和真胃角化机能亢进，胆囊充满胆汁、膨大。皮肤组织学检查，角质层增生肥厚，颗粒层也增生，呈现角化不全等病变。其特征性病变为表皮上有凸出的棘皮。

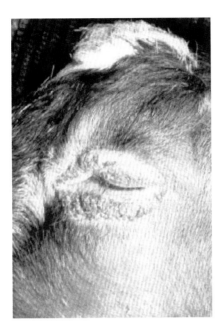

图6.18 眼睛周围出现角化不全的痂皮

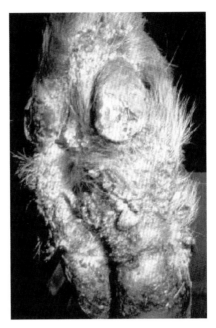

图6.19 肢端皮肤角化不全、被毛脱落

201

【诊断要点】

　　根据病史调查、临床症状和病理变化进行诊断，要确诊还应结合血液和各个脏器中锌含量的检测结果进行分析。还应注意与真菌性皮肤病、疥螨、渗出性皮炎的鉴别诊断。

【防治措施】

　　（1）预防：

　　1）可在每吨饲料中加硫酸锌或碳酸锌180克饲喂。对饲养和放牧在锌缺乏地带的羊群，要将饲料中的钙含量严格控制在0.5%～0.6%，同时，可在饲料中补加硫酸锌25～50毫克/千克混饲。

　　2）在饲喂新鲜的青绿牧草时，适量添加一些含不饱和脂肪酸的油类，如大豆油，对治疗和预防锌缺乏症都有较好的效果。

（2）治疗：立即改换病羊的饲料。口服硫酸锌，剂量为每头1克，1次内服，每周1次；羔羊可连续服用硫酸锌，剂量为100毫克/千克体重，连用3～4周。

（七）碘缺乏症

碘是动物合成甲状腺激素不可少的成分，动物一旦碘缺乏，就会引起碘缺乏症。该病可引起羊只甲状腺增生肿大、生长发育受阻和繁殖成活率下降等。

【病因】

引起羊碘缺乏的原因较多，有原发的也有继发的，还有甲状腺对碘的摄入、利用障碍等。

饲草、饲料和饮水中碘的含量不足是最常见的原因。饲料和饮水中碘与土壤密切相关。土壤缺碘地区主要分布于内陆高原、山区和半山区，尤其是降水量大的沙土地带。土壤含碘量低于0.2～0.25毫克/千克，可视为缺碘。羊饲料中碘的需要量为0.15毫克/千克，而普通牧草中含碘量为0.006～0.5毫克/千克。许多地区饲料中如不补充碘，可产生碘缺乏症。

饲草、饲料和饮水中其他元素的拮抗作用也可影响到机体对碘的吸收，如芜菁、油菜、油菜籽饼、亚麻籽饼、扁豆、豌豆、黄豆粉等含颉颃碘的硫氰酸盐、异硫氰酸盐以及氰苷等。这些饲料如果长期饲喂，可产生碘缺乏症。

一些饲料原料当中也含有引起甲状腺肿的物质，如豆饼、豌豆、白三叶草、甘蓝叶、甜菜叶和甜菜糖渣等含有硫葡萄糖苷、硫氰酸盐或高氯酸盐类。其他因素，如胃肠道疾病等也可以影响到机体对于碘的吸收。

【临床症状及病理变化】

在碘缺乏地区，羔羊发病率远高于成年羊，成年绵羊只发生单纯性甲状腺肿，而其他症状不明显。因此颈部粗大，羊毛稀少，几乎像小猪一样。全身常表现水肿，特别是颈部甲状腺附近的组织更为明显。怀孕母羊碘缺乏常产出死胎、弱胎或畸胎（图6.20），公羊性欲减退，精子品质低劣，精液量减少。

甲状腺明显肿大（图6.21），脱毛，黏液水肿。组织学变化是缺乏骨化，中心骨成熟延缓。碘缺乏时的病羊甲状腺中碘含量明显减少。

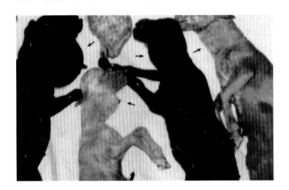

图6.20　缺碘母羊所产的羔羊发育不良或死亡，颈部甲状腺肿大（张高轩）

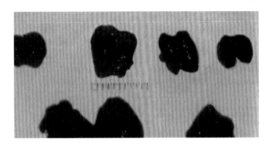

图6.21　病羊甲状腺不同程度增大（张高轩）

【诊断要点】

临床甲状腺肿大易于诊断。无甲状腺肿时，如果血液碘含量低于24微克/升，羊乳中碘低于80微克/升可诊断为碘缺乏。

【防治措施】

（1）预防：在碘缺乏区内，坚持对怀孕和泌乳期母羊以及羔羊补碘。一般在食盐中加入0.01%～0.03%的碘化钾即有良好效果；饮水中每羊每天加入50微克碘化钾或碘化钠；在绵羊股内侧皮肤，用3%～5%碘酊棉球涂搽，每月1次，两侧轮换涂搽。怀孕期和泌乳期母羊，禁止饲喂含致甲状腺肿物质和硫脲类物质的饲料或植物。

（2）治疗：一旦发现羊群中有甲状腺肿病羊，立即用碘化钾或碘化钠治疗，每羊每天5～10毫克混于饲料中饲喂，或在饮水中每天加入5%碘酊或10%复方碘液5～10滴，20天为1个疗程，停药2～3个月，再饲喂20天，即可达到治疗效果。

三、糖、脂肪和蛋白代谢紊乱性疾病

（一）脱毛症

羊脱毛症是指由于某种特殊病因,如代谢紊乱和营养缺乏、寄生虫侵害、细菌感染、中毒等，导致羊毛根部萎缩，被毛脱落,或是被毛发育不全的总称，绵羊和山羊均可发生。根据原因不同，可以分为原发性脱毛症及症状性脱毛症两种。

【病因】

（1）原发性脱毛症：由于毛乳头的营养失调、新陈代谢紊乱、维生素不足及营养不良所引起。山羊常因为皮肤梳刷不够，使皮肤新陈代谢紊乱而发生脱毛现象。幼羊缺乏碘元素时，除了引起甲状腺肿大外，也可以发生脱毛症。

（2）症状性脱毛症：是由于寄生虫性皮肤病（尤其是疥螨病）所引起，或者见于某些传染病的恢复过程。

【流行病学特点】

本病呈地方性流行,发病率可达50%～60%,死亡率较低,给畜牧业经济造成巨大的损失。有关羊脱毛症的报道在北方地区由来已久,且主要集中于内蒙古、甘肃、宁夏、辽宁等省（自治区），以内蒙古和甘肃农区及半农半牧区发病居多。

【临床症状】

羊体有时小片脱毛，有时为大面积脱毛。绵羊可以见到全身脱毛现象。一般都是先从颈侧开始，逐渐波及体侧、四肢以至全身（图6.22、图6.23）。原发性脱毛症多表现为脱毛部分的皮肤无光泽，亦无炎症变化，仍然具有弹性，不痛不痒，查不出皮肤表面有什么变化。山羊因为梳刷不够而发生的脱毛症，大多见于公羊。其特征是皮肤表面有大量尘土，变为土黄色，摸起来比较粗糙，但并不甚硬，皮肤弹性稍差。症状性脱毛症，可以检查出原发病的特有变化。

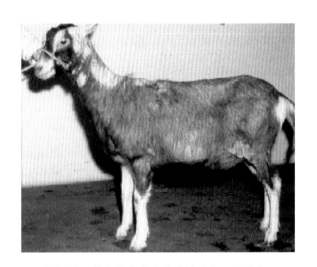

图6.22　体表的寄生虫造成被毛大面积脱落

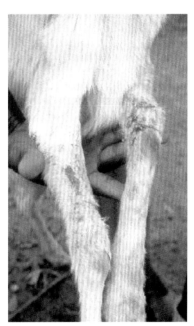

图6.23　患病羊啃咬损伤的腿部

205

【诊断要点】

本病主要根据临床症状并结合实验室检查即可确诊。

【防治措施】

（1）首先应消除病原，故应改善饲养管理。尤其对于山羊，必须经常保持皮肤清洁；除了经常进行梳刷外，应对已发生脱毛部分用温肥皂水连续洗涤3～5次。以改善皮肤代谢，即可恢复正常。

（2）可给脱毛部分涂搽下列刺激剂，增加其血液循环与改善代谢。①鱼石脂10克，酒精50毫升，蒸馏水100毫升，制成溶液，每日早、晚各涂搽1次。②碘酊1毫升，樟脑酊30毫升，制成溶液，用作搽剂。

（二）绵羊妊娠毒血症

绵羊妊娠毒血症是由代谢不良引起的。本病与生产瘫痪相似，发生于怀孕母羊，尤其是怀双羔或三羔的羊。在5～6岁的绵羊比较多见，通常都发现于怀孕的最后1个月之内。不管肥瘦都能发生。

【病因】

发病原因还不十分清楚，一般认为与下列因素有关。

（1）怀有双胎或三胎时，其负担过重，就需要供给高能量的日粮。例如品质不良的干草，所含热能对未孕羊可以满足，但对怀双羔的羊就显得热能不足。同时，妊娠晚期的子宫及其内容物占据了腹腔大部分空间，羊也不可能食入大量品质不良的食物而获得足够的能量需求。在这些情况下，母羊为了满足胎儿对碳水化合物的需要，于是便动用体脂，造成大量酮体入血，而导致患病。

（2）营养过度：由于经常喂给精料过多，特别是在缺乏粗饲料的情况下而喂给含蛋白和脂肪过多的精料时，更容易发病。

（3）长期舍饲，缺乏运动，使中间代谢产物聚积。

（4）孕羊患有胃肠道寄生虫，以及气候不良和环境突变等，均可增加发病的可能。

目前普遍认为日粮中碳水化合物含量低，造成碳水化合物的代谢紊乱，所以病羊具有不同程度的低血糖和高血酮(酮血病)。

【临床症状】

病羊食欲减退，反刍停止，瘤胃弛缓，以后食欲废绝，离群独处。排粪少，粪球硬

206

小，常被有黏液，有时带血。可见黏膜苍白，以后黄染。呼吸浅表，呼气带有醋酮气味。严重时，精神沉郁，对周围刺激缺乏反应，对人或障碍物不知躲避。当强迫运动时，步态蹒跚，或做圆圈运动，或头抵障碍物呆立。后期出现神经症状，唇肌抽搐，磨牙、流涎。站立时，因颈部肌肉阵挛性收缩，而头颈高仰，呈望星姿态，有时头向下弯或前伸（图6.24）。严重者卧地不起，胸部着地，头高举凝视。如不抓紧治疗，大部分病羊经1～2天昏迷而死。母羊即使分娩，也常伴有难产，羔羊极弱或死亡。病羊产后多发生胎衣不下。

　　病羊尸体非常消瘦，剖检时没有显著变化。病死的母羊，子宫内常有数个胎儿，肾脏灰白而软。主要变化为肝、肾及肾上腺脂肪变性。心脏扩张。主要表现为肝脏高度肿大，边缘钝，质脆，为脂肪浸润的，肝脏常变厚而呈土黄色或柠檬黄色，切面稍外翻；胆囊肿大，充积胆汁，胆汁为黄绿色水样（图6.25）。肾脏肿大，包膜极易剥离，切面外翻；皮质部为棕土黄色，满布小红点(为扩张的肾小体)，髓质部为棕红色，有放射状红色条纹。肾上腺肿大，皮质部质脆，呈土黄色；髓质部为紫红色。右

图6.24　头向下弯或前伸

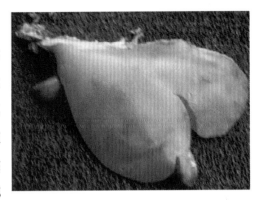

图6.25　肝脏典型的脂肪样变性，呈土黄色，胆囊肿大，充积胆汁

心室高度扩张，冠状沟有孤立的出血点及出血斑，心肌为棕黄色，质略脆。肺膨胀，两侧肺尖高度充气，膈叶瘀血水肿，色暗红，气管及支气管空虚。大脑半球脑沟中的软脑膜有清亮液体，丘脑白质有散在的出血点。消化器官多无大变化。

【诊断要点】

本病根据羊在怀孕后期食欲减退、精神沉郁及呈现无热的神经症状等，可做出初步诊断。结合血液检验，发现血液总蛋白、血糖、淋巴细胞和嗜酸细胞减少，而血酮、血浆游离脂肪酸增高，以及尿酮呈强阳性反应等，可确诊。

【防治措施】

（1）预防：主要从饲养管理着手；合理地配合日粮，尽量避免日粮成分的突然变化。

1）配种之前对肥羊减肥。

2）在怀孕的最后1～2个月，应喂给精料。喂量根据体况而定，从产前2个月开始，每天喂给100～150克，以后逐渐增加，到临分娩之前达到每天0.5～1千克/天。肥羊应该减少喂料。

3）怀孕后期要避免突然改变饲喂制度，在天气突然变化时，更应注意。

4）一定要保证运动。每天应进行放牧或运动2小时左右，至少应强迫行走250米左右。

5）当羊群中已出现发病情况时，应给孕羊普遍补喂多汁饲料、小米汤、糖浆及多纤维的粗草，并供给足量饮水。必要时还可加喂少量葡萄糖。

（2）治疗：

1）供给能迅速利用的能量。给饮水中加入蔗糖、葡萄糖或糖浆，每天重复饮用，连给4～5天，可使羊逐渐恢复健康。水中加糖的浓度可按20%～30%计算。为了见效快，可以静脉注射20%～50%葡萄糖溶液，每天2次，每次80～100毫升。只要肝、肾没有发生严重的结构变化，用高糖疗法都是有效的。

2）促进恢复食欲。可用同化激素醋酸全勃隆或可的松。肌内注射泼尼松75毫克或地塞米松25毫克，具有较好效果。亦可注射促皮质素（ACTH）20～60单位，以活化cAMP，促进皮质激素的生物合成。

3）促进及早娩出胎儿。胎儿的存在，要消耗母羊的能量，不利于病的治愈。因此应根据胎儿死活、怀孕时期、羔羊价值和母羊体况，选用引产术或剖宫产术。

一般而言，在娩出胎儿之后，症状可迅速减轻。引产可根据当时条件选用倍他米松、氢化泼尼松或前列腺素F2α类似物。亦可将肾上腺皮质激素与PGF　2α类似物合用。肌内注射磷酸钠地塞米松1毫升或甲基PGF　2α　2毫克，一般在注射后6～36小时可娩出胎儿。

第七章　羊的外科疾病

一、创伤

由于外力作用引起的组织或器官的机械性、开放性损伤称为创伤。创伤可分为新鲜污染创和化脓感染创。

【病因】

羊体局部受到外力作用而引起组织或器官机械性、开放性损伤，如擦伤、刺伤、切伤、裂伤、咬伤以及因手术而造成的创伤等。创伤过程中如有大量细菌侵入，则可发生感染，进而出现化脓性炎症。羊发生坏死杆菌病（腐蹄病），是因蹄部受伤后感染化脓所致，羊发生破伤风，主要是由于阉割或处理羔羊脐带时伤口消毒不严，导致破伤风杆菌侵入产生毒素所致。

【临床症状】

新鲜创伤的特点是出血、疼痛和创口开裂，伤后的时间较短，创内尚有血液流出或存有血凝块；严重创伤有不同程度的全身症状。化脓感染创伤创面肿胀、疼痛，创口不断流出浓汁或形成很厚的浓痂，有时出现体温升高。随着炎症的消退，创面出现新生肉芽组织，形成肉芽创。

图7.1　澳大利亚割皮防蝇造成的创伤，尾部连皮被割掉

【临床诊断】

本病根据病史及临床表现即可确诊。

【防治措施】

本病治宜抗感染，止血，促进愈合。

（1）一般创伤：①进行止血，然后清洁创围，用灭菌纱布覆盖创面，剪去创伤周围的被毛，用5%碘酊消毒创面周围皮肤。②将纱布移开，用生理盐水或0.1%高锰酸钾溶液清洗创面，除去创内异物、血凝块和坏死组织。③对小的创伤可涂抹5%碘酊，对大的伤口要进行缝合包扎。若组织损伤或污染严重时，应及时注射破伤风类毒素、抗生素。

（2）化脓感染创伤：先进行排脓，剪掉或切除坏死组织，然后用0.1%高锰酸钾溶液冲洗创腔，最后用松碘流膏纱布进行引流。创口不缝合、不包扎。有全身症状的可适当选用抗生素，并注意强心、解毒等对症治疗。

（3）肉芽创的治疗：首先清理创转，然后清洁创面（用生理盐水轻轻清洗），最后再局部用药（应用刺激性小、能促进肉芽组织和上皮生长的药，如3%甲紫等）。如肉芽组织赘生，可用硫酸铜腐蚀。

二、脓肿

脓肿是化脓菌感染后在局部组织器官内形成外有脓肿膜包裹，内有脓汁潴留的局限性脓腔。

【原因】

羊脓肿病多因细菌导致皮肤等感染所致，引起脓肿的致病菌，主要是葡萄球菌，其次是化脓性链球菌、大肠杆菌、绿脓杆菌较少见，此外刺激性强的药液(如氯化钙、水合氯醛、高渗盐水等)在静脉注射时误漏入皮下也可引起。主要发生在颈部、肌肉、皮下、关节、鼻窦、乳房等位置，比如强烈的药物弄到以上部位也会导致羊脓肿病的发生。

【临床症状】

（1）浅在性脓肿：常发于皮下或肌间，初期只有急性炎症症状，局部增温，呈显著的弥漫性肿胀且发红，疼痛明显，以后逐渐局限化，形成界限明显的坚实感肿块（图7.2），随着脓液的形成，中央软化，出现波动，最后皮肤破溃流出脓汁。

（2）深在脓肿：由于脓肿位于深部，症状不明显，患部有轻微的炎性肿胀，指压留痕且有疼感，波动不显著。

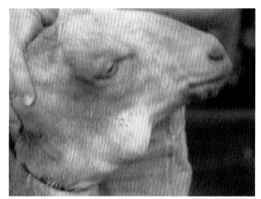

图7.2 唾液腺囊肿

【临床诊断】

本病根据病史及临床症状就可做出诊断，为了确诊，可行穿刺有否脓汁。

【防治措施】

在日常饲养过程中对于药物等的使用一定要注意，另外如果发现有脓肿症状的羊只要及时隔离。

治疗方法：首先在脓肿初期先用冷敷来消肿，如果发炎可以用涂布鱼石脂软膏，雄黄软膏(雄黄、鱼石脂各40克，樟脑、冰片各20克，凡士林98克，调成软膏，进行温敷；其次在脓肿成熟时，可以用0.1%高锰酸钾或浓盐水冲洗脓腔，撒入磺胺结晶或青霉素粉，也可撒入樟脑白糖粉，必要时可以浸有青霉素鱼肝油的纱布条进行脓腔内引流；当脓汁少而长出肉芽时，按肉芽创处理。当出现全身症状时，应及时地应用抗生素、补液、补糖、强心等方法，使其早日恢复。

三、子宫疝

子宫疝是因腹肌破裂而妊娠子宫直接位于皮下，致使腹壁突出的疾病，常见于山羊，绵羊较少。

【病因】

（1）疝气形成的主要原因是损伤，如打击、跌倒、跳跃等。

（2）由于缺乏运动而全身肌肉衰弱，同时腹壁又受到剧烈伸张，如喂给体积大的饲料、胎水过多或多胎等。

大部分疝气都是由于一侧或两侧腹直肌腱在骨盆骨附近发生断裂，而引起的下腹壁疝气。至于侧腹壁疝气，则很少发生。

【临床症状】

开始时腹壁的某一部分形成一个小而软的肿胀，以后随着胎儿的生长，肿胀逐渐变大，触诊时可以摸到胎儿（图7.3）。

当腹直肌在耻骨联合附近发生破裂时，常常可以见到乳房前移，而且下腹壁有可能触及地面。分娩时迟缓而困难，胎儿可能由于窒息而死亡。

图7.3　子宫疝：腹壁接近地面，触诊时可以摸到胎儿

213

【诊断要点】

因为触诊疝气囊时，可以摸到胎儿的某一部分，有时甚至可以看到胎动，因此本病的诊断并不困难。

【防治措施】

（1）预防：加强对孕羊的管理和护理，保证足够的运动，避免腹壁受到损伤。

（2）治疗：①为了防止疝气囊继续增大，应该加上结实的绷带。②饲料应当块小而富于营养，每次要少量饲喂。③分娩时让羊仰卧，使胎儿由子宫排出时的方向变为正常。④为了加强阵缩，可以用手挤压疝气的内容物。必要时可以进行剖宫产。

四、直肠脱

直肠脱是直肠末端的一部分向外翻转，或其大部分经由肛门向外脱出的一种疾病。

【病因】

发病原因是肛门括约肌脆弱及机能不全，直肠黏膜与其肌层的附着弛缓或直肠外围的结缔组织弛缓等，均可促使本病的发生。直肠脱出多见于长期便秘、顽固性下痢、直肠炎、母羊分娩时的强烈努责，或久病体弱，或受某些刺激因素的影响。使直肠的后部失去正常的支持固定作用而引起。

【临床症状】

病初仅在排粪或卧地后有小段直肠黏膜外翻，排粪后或起立后自行缩回。如果长期反复发作，则脱出的肠段不易恢复，形成不同程度的出血、水肿、发炎，甚至坏死穿孔等（图7.4）。病羊排粪十分困难，体况逐渐衰退。

图7.4 绵羊直肠脱出

【防治措施】

首先要排除病因，及时治疗便秘、下痢、阴道脱出等原发病。认真改善饲养管理，多给青绿饲料及各种营养丰富的柔软饲料，并注意适当饮水，这是预防发病和提高疗效的重要措施。

（1）病初，若脱出体外的部分不多，应用1%明矾水或0.5%高锰酸钾水充分洗净脱出的部分，然后再提起患羊的两后腿，用手指慢慢送回。

（2）脱出时间较长，水肿严重时，可用注射针头乱刺水肿的黏膜，用纱布衬托，挤出炎性渗出液。对脱出部的表面溃疡、坏死的黏膜，应慎重除去，直至露出新鲜组织为止。注意不要损伤肠管肌层，然后轻轻送回。为了防止复发，可在肛门上下左右分四点注射1%普鲁卡因酒精溶液20毫升；也可在肛门周围做烟包袋口状缝合，缝合后宜打以活结，以便能随意缩紧或放松。

（3）对黏膜水肿严重及坏死区域较广泛的病羊，可采用黏膜下层切除术。在距肛门周缘1厘米处，环形切开直达黏膜下层，向下剥离，翻转黏膜层，将其剪除，最后将顶端黏膜边缘，用丝线做结节缝合，整复脱出部分；肛门口再做烟包袋口状缝合。

术后注意护理，并结合症状进行全身治疗。

五、腐蹄病

羊腐蹄病是由结节拟杆菌和坏死梭杆菌混合感染，引起羊蹄部肿胀、坏死、跛行的一种慢性传染病。

【病因】

病原为坏死梭杆菌和结节拟杆菌，均为拟杆菌科梭杆菌属成员，革兰氏阴性菌。坏死梭杆菌呈长丝状、较短个体呈球状。结节拟杆菌呈大杆菌状，菌体末端膨大。

本病原对理化因素抵抗力不强。1%的高锰酸钾、2%的甲醛溶液15分钟内可将其杀死；60℃、30分钟或煮沸1分钟即死亡。但该病原在污染的土壤中可存活10～30天。

【流行特征】

动物饲养场、沼泽、池塘、土壤中均有本菌存在，健康动物的扁桃体和消化道黏膜也有一定存在，并可经唾液和粪便排菌，污染周围环境。病羊和带菌畜是本病的传染源。损伤的皮肤、黏膜是本菌的入侵门户。

本病发生于夏季，多见于低洼潮湿地区、多雨季节，多散发，有时呈地方流行性。有时与口蹄疫、羊痘并发或继发，应注意鉴别诊断。

【临床症状】

病羊多为一肢患病、跛行，如前两肢患病，则病羊跪地爬行；后肢患病时，将病肢悬置腹下。趾间、蹄踵和蹄冠部发生热痛性肿胀，随后溃烂，流出恶臭脓性分泌物。有时病变向深部扩展，可波及腱带、韧带、关节和骨骼，甚至蹄匣脱落（图7.5～图7.8）。病程较慢，轻症病例能很快恢复；重症病例，如治疗不及时，可使内在器官形成转移性坏死病灶而死亡。

本病的特征是皮肤、黏膜的坏死和溃疡形成，本病可能有转移病灶。典型病变是受侵害组织凝固性坏死。羔羊食道贲门可能有病变，肝病变可能蔓延到膈或肾周围组织。

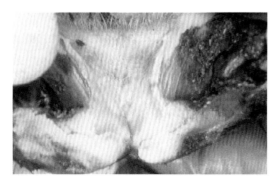

图7.5　蹄叉间疼痛性肿胀、发热、外流分泌物

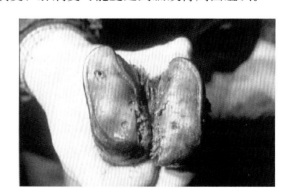

图7.6　蹄底部有穿孔

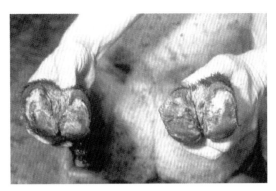

图7.7　慢性感染病例中出现蹄叉等部位严重变形

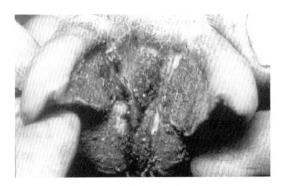

图7.8　蹄白线变黑，坏疽

【诊断要点】

根据临床症状和病理变化可做出初步诊断，确诊需进一步做实验室检查。病原检查：抹片镜检（取病组织边缘抹片，革兰氏染色，观察特征性病原菌）。

【防治措施】

消除或避免患病条件，如圈舍不卫生或在潮湿低洼地放牧等。加强检疫，防止传染源引入。严格清扫、消毒污染场地和圈舍，病羊使用过的牧地或圈舍应空置2周以上再用，也可采用异地放牧饲养。病羊要及时隔离治疗。

治疗可用4%～6%的硫酸铜溶液进行脚浴，药浴之前要保证将蹄部泥污清理掉，同时清理掉坏死的组织，脚浴完成后要保证病羊站在干净的地方至少1小时，以保证药物能够干结在蹄部；同时还需配合抗生素全身治疗；国外的一些研究报道，注射牛痘疫苗可以预防腐蹄病的发生，但是保护期仅为4～6个月；同时对发病的羊注射牛痘疫苗，可以提高治愈率。

六、蹄叶炎

蹄叶炎是角质蹄壁下层和蹄底肉样血管组织的一种急性或慢性炎症，多发生于奶山羊，其发病率可高达10%以上。

【病因】

急性蹄叶炎多发生于分娩时或突然变换饲料之后，或者伴发于肠毒血症、肺炎、乳房炎、子宫炎或过敏反应等情况下。

慢性蹄叶炎常发生于精料过食或肠毒血症轻度发作之后。春季的草含蛋白量高，也可能成为病因之一。

【临床症状】

急性蹄叶炎通常于分娩后与子宫炎同时发生。病羊体温升高达41℃左右，强迫起立和行走时，表现极度痛苦，触摸蹄时有热感。这种蹄叶炎通常很少与肺炎或急性严重过敏反应同时发生。

在奶山羊更为常见的是慢性隐性发作的蹄叶炎。因此，只有在蹄子发育不正常和不愿行走时才能发现。由于病羊长期站立，常导致蹄子向上卷曲而变为"雪橇蹄"，或者由于病蹄一半负重，导致蹄底一侧显著较厚，而无法全面着地。由于病羊前蹄疼痛，常跪地休息和吃草，或者跪下做转圈运动（图7.9、图7.10）。长期跪地和不能运动的结果，可造成前胸狭窄，食欲减少，因而病羊逐渐消瘦，产奶量大为降低，给奶品生产带来一定损失。

图7.9　病羊呈跪地姿态

图7.10　泥土、粪便等污物积于蹄叉部，压迫敏感的蹄叉部

【防治措施】

（1）预防：

1）蹄叶炎是高产而管理粗放的奶羊群的大患。为了使奶羊达到最高生产能力而不发生慢性蹄叶炎，必须重视经常的精细的饲养管理。特别重要的是，要避免突然给予大量饲料。

2）定期修剪蹄子，使其正常负荷体重和进行运动。

3）有计划地定期接种肠毒血症菌苗。

（2）治疗：奶山羊的急性蹄叶炎往往难以治愈，必须抓紧时间，采用以下综合疗法。

1）采用对蹄子有益的温包扎法。

2）采用抗组胺疗法，注射苯海拉明2～3毫升，并结合静脉注射电解质，以利毒物的排出。

3）当子宫有感染时，应给宫内灌注10份等渗盐水和1份过氧化氢溶液，促使腐败物从子宫排出，然后灌注抗生素。

4）对发生难产的羊，应及时使用缩宫素，帮助子宫复归。产后24～36小时胎衣不下者，可采取"胎衣不下"的疗法，促进胎衣排出。

5）当因变换饲料、过食料或营养过于丰富的粗饲料而引起山羊停食时，应内服硫酸钠100～120克或液状石蜡80～100毫升，以帮助解除瘤胃酸中毒和排除毒物。

七、蹄脓肿

本病是蹄壳真皮的一种非化脓性传染病。主要特征是蹄部肿烂，发生进行性坏死。引起蹄匣脱落。绵羊和山羊都可发生。一般都是由于未及时治疗的腐蹄病而引起，但也可以是原发性的，故应作为另一种病对待，以便及时采取正确疗法。

【病原】

病原通常为坏死梭形杆菌或化脓棒状杆菌。这些细菌可通过蹄壳的小裂缝或草籽创伤而进入蹄内。在干燥环境下不发生传染，潮湿环境容易促进传染的扩散。例如长期把羊圈养在湿冷环境或潮湿发酵的褥草上，运动不足，蹄子不清洁以及蹄有损伤等，都是蹄脓肿发生的因素。

【临床症状】

本病主要表现为跛行，病羊蹄部有疼痛反应。

检查蹄部时，可发现蹄子上部（蹄冠）发热、肿胀而变软，发红或腐烂，有时伴有湿疹，羊有疼痛。一旦脓肿破裂，则疼痛减轻，如果不继续用抗生素治疗，脓肿容易复发。更严重时，蹄间腐烂，流出灰白色脓汁，放出恶臭，甚至蹄匣脱落（图7.11）。

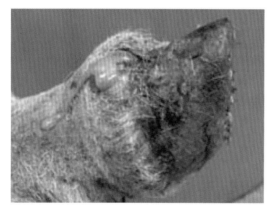

图7.11　灰白色恶臭的脓汁从蹄冠部流出

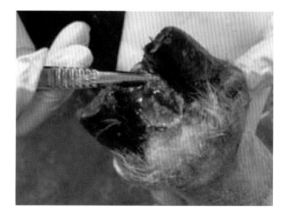

图7.12　探针能够从砂眼处深入内部

检查病羊蹄部病理变化过程，发现最初是趾部充血，角质发生湿性表面坏死。几天以后，坏死过程扩延到蹄踵部及蹄壳真皮。到了后期，蹄壁下部出现一层灰色坏死组织，造成蹄壁脱离。

【防治措施】

（1）预防：

1）平时加强蹄子护理，不要把羊圈养在低湿环境及潮湿褥草上；保证充分运动；经常修剪蹄子，及时除去蹄间的夹杂物。

2）对新引进的羊只，应进行检疫，先隔离一个时期，对蹄子经检查及做必要的处理以后，再放入羊群内。

3）当羊群内发现本病时，应立刻隔离病羊，给其余羊只清洗蹄部并用1%～2%硫酸铜溶液浸浴1～2分钟，达到预防目的。

对蹄子的浸浴，最好在药浴池内进行。如果羊群小而没有药浴池的设备，可采取以下方法进行：①在运动场的一端选定一块干净地方，铺几张席子准备浸浴，如在砖地面上进行更为方便。②取脸盆两个，一个盛清水，一个盛硫酸铜溶液。③由三个人同时操作，一个人固定羊只，第二人用小刷子和清水洗去蹄子上的污泥尘土，第三人用药液浸浴蹄子。浸浴时，四个蹄子分别进行。④有条件时注射腐蹄病疫苗，效果更好。

（2）治疗：本病如不及时治疗，病期往往拉得很长。

1）在有炎症和湿疹时，应用温浓盐水或浓醋加等量冷水洗浴，然后涂以碘酊。也可以用2%石炭酸浸浴，然后涂以松馏油。疼痛剧烈而严重跛行者，可用2%普鲁卡因10毫升、青霉素20万单位进行低掌封闭。如连续注射青霉素5天，每天6毫升（30万单位/毫升）效果更好。也可以用土霉素代替青霉素。

2）起初由表面向内腐烂，坏死时，可先用清水洗去泥土，然后用温的10%硫酸铜浸洗，每天一次，每次2～3分钟，直到痊愈为止。

如果用30%硫酸铜浸洗，每隔2～3天洗一次，连洗3次，疗效更好。也可以用10%福尔马林溶液浸浴蹄子，每次10分钟以上。

若以上方法见效很慢，可以小心除去蹄壳，涂布10%氯霉素甲醇溶液，包扎绷带，精心护理。

3）遇到化脓情况时，可将病羊隔离到干燥处，用小刀切开患部，将脓液排除干净，然后用消毒液洗涤，吹入消炎粉，裹上绷带。每2~3天重复一次，直到痊愈为止。还可以局部使用青霉素水油乳剂或软膏（青霉素800 000单位）。

洗伤口所用消毒液，在起初剧烈时，可用10%硫酸铜溶液，等到坏死组织消除后，改用0.1%高锰酸钾溶液，以免腐蚀新生的肉芽组织，影响痊愈。

第八章　产科病

一、妊娠期疾病和分娩期疾病

（一）流产

流产又称怀孕中断。母羊怀孕以后，如果发生胚胎被吸收，或者从生殖器官排出死胎或未足月的胎儿，都称为流产。山羊发生流产较多，绵羊较少见。

流产胎儿具有生活力的最低怀孕期，羊为四个半月。当胎儿尚有生活力时，称为"早产"；若已达到能生活的怀孕期而在死亡以后产出，称为"死产"。

【病因】

根据发病原因不同，流产分为两类，一类是由于传染性的原因所引起，多见于布鲁杆菌病、弯杆菌病、毛滴虫病、沙门杆菌病和病毒性流产；另一类是非传染性的原因引起的流产，可见于子宫畸形、胎盘坏死、胎膜炎和羊水增多症等，以及一些内科病(肺炎、肾炎、有毒植物中毒、农药中毒等)；营养代谢障碍病(无机盐缺乏、微量元素不足或过剩、维生素A、维生素E不足等)、饲料冰冻和发霉、外科病(外伤、蜂窝织炎、败血症)、运输拥挤等均可致流产。

【临床症状】

突然发生流产者，产前一般无特征表现。发病缓慢者，表现精神不佳，食欲停止，腹痛起卧，努责哞叫，阴尸流出羊水，待胎儿排出后稍为安静。若在同一群中病因相同，则陆续出现流产，直至受害母羊流产完毕，方能稳定下来。外伤性致病结果，可使羊发生隐性流产，即胎儿不排出体外，自行溶解，形成胎骨残留于子宫。由于受外伤的程度不同，受伤的胎儿常因胎膜出血、剥离，于数小时或数天排出。

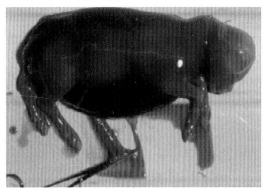

图8.1　流产出的胎儿

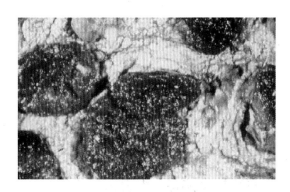

图8.2　继发性流产，胎盘局灶性坏死

【临床诊断】

　　根据病史、症状可诊断外，可采取流产胎儿的胃内容物和胎衣，做细菌镜检和培养；还可做血清学反应检查，如凝集反应、补体结合反应等，可确诊引起流产的病原。

【防治措施】

　　（1）预防：以加强饲养管理为主，重视传染病的防治，根据流产发生的原因，采取有效的防治保健措施。

　　（2）治疗：针对不同情况，采取不同措施。

　　1）对有流产征兆(胎动不安、腹痛起卧、呼吸、脉搏增数)而胎儿未被排出及习惯性流产，应全力保胎，以防流产。可用黄体酮注射液(含15毫克)，一次肌内注射。中药治疗可用白术安胎散：炒白术6克、当归6克、砂仁4克、川芎4克、白芍4克、熟地4克、炒阿胶5克、党参4克、陈皮5克、苏叶5克、黄芩5克、甘草3克、生姜(为引)3克。共为末，温开水冲调，一次灌服，每天一剂。

　　2）死胎滞留时，应采用引产或助产措施。胎儿死亡，子宫颈未开时，应先肌内注射雌激素，如己烯雌酚或苯甲酸雌二醇2～3毫克，使子宫颈开张，然后从产道拉出胎儿。

母羊出现全身症状时，应对症治疗。

（二）阴道脱出

本病的特征是阴道壁的一部或全部从阴门中向外脱出。病常发生于怀孕末期及分娩以后，以怀孕末期为最多，山羊比绵羊多见。

【病因】

（1）此病主要是由于饲养管理不当所引起，如全身虚弱，缺乏运动、疲劳过度以及饲料品质不良或给量不足。如果只用食堂的残羹饲喂小羊，或日料中钙盐不足，或者羊只过肥，都容易发生此病。

（2）由于母羊骨盆腔和阴道壁的结缔组织松弛，容易发生在胎次较多的母羊。

（3）在怀孕末期卧下时，由于后躯位置低，而腹腔内容物对阴道壁的压力增高所引起。

（4）因为生殖器官受到刺激而努责过度，如难产及胎衣不下时的剧烈努责。

（5）孕羊严重的腹泻，可能引起阴道完全脱出。

【临床症状】

阴道上壁的黏膜向外突出，起立时又退缩而消。疾病继续发展时，形成一个大而圆的肿瘤样物，呈粉红色（图8.3）。阴道完全脱出时，羊站立时亦不复原。在山羊，有时可以看到阴道完全脱出数分钟，后又复原。发病以前常有消化道

图8.3 阴道壁向外突出，形成一个大而圆的肿瘤样物

225

发炎的症状。

有时阴道脱出的程度很大，从外面就可看到子宫颈，子宫颈口充有黏液。当接触到硬物体时，容易引起出血。这种现象只见于努责剧烈而频繁，以及单胎的情况下。

【防治措施】

（1）预防：

1）由于本病主要是因为饲养管理不当而引起，所以在预防时首先应该改善孕羊的饲养，并且每天要保证适当的运动。

2）在怀孕前1/3时期不可过于肥胖。

3）羊舍地面的倾斜度不宜太大。

4）在怀孕的后1/3的期间，不可用大车或汽车运输孕羊。

（2）治疗：

1）脱出不大时，不需要治疗。但在发生污染和创伤时，应用2%明矾溶液冲洗。为了防止阴道壁反复脱出，必须使羊的后躯站高；为此可将羊拴在狭窄的羊栏内，绳子拴短，限制其活动，然后放一块向前倾斜的木板，或者给后躯多垫些褥草。

2）在完全脱出时，应立即进行整复。整复的方法与步骤如下：

a.先用温开水清洗阴道的脱出部分及其周围，然后用2%的明矾水洗涤，让血管及组织收缩变小。

b.使羊后部站高，或者将羊放倒后躯垫高，然后进行整复。整复时应当用手指将脱出部分推向前上方，逐渐推入骨盆腔内。

c.如果因山羊努责而妨碍操作时，应内服白酒200毫升左右，使其镇静。

d.在完全推入骨盆腔以后，将手指伸入阴道，展平阴道黏膜上的皱襞。为了减轻刺激和促进组织收缩，可用3%的明矾溶液灌入阴道。

为了防止重复脱出，在整复后应当缝合阴门。缝合之前必须消毒术区。不要缝得过紧，但必须让缝线穿过组织深部，以免撕裂阴唇。

山羊比较敏感，努责较强，因此应该多缝几针。除了在阴门下角留一小孔以便排尿外，将其余部分都应尽量缝合起来。

在临分娩之前抽掉缝线，以免在母羊努责时扯破阴门组织。

（三）难产

难产是指分娩过程中胎儿排出困难，不能将胎儿顺利地由阴道排出来。

【病因】

难产的原因有母体与胎儿两方面。母体阵缩努责微弱或过强，阴门狭窄，子宫颈狭窄，骨盆狭窄，骨盆骨瘤，胎儿过大，双胎，胎儿楔入产道，胎儿畸形，死胎，胎儿姿势异常，胎向及胎位不正等，均可导致羊发生难产。

【临床症状】

难产多发生于超过预产期的羊。妊娠羊表现为不安，不时徘徊，阵缩或努责，呕吐、阴唇松弛湿润，阴道流出胎水、污血、黏液，时而回头顾腹及阴部，但经1～2天不见产仔；有的外阴部夹着胎儿的头或腿，长时间不能产出。随难产时间延长，妊娠母羊精神变差，痛苦加重，表现为呻吟、爬动、精神沉郁、心率增加、呼吸加快、阵缩减弱。病至后期阵缩消失，卧地不起，甚至昏迷（图8.4）。

图8.4　山羊难产：胎儿前肢没有出来，头部因为静脉回流受阻而水肿

227

【临床诊断】

本病根据母羊的预产期和临床症状可诊断。

【防治措施】

为了保证母仔安全，对于难产的羊必须进行全面检查，及时进行人工助产；对种羊可考虑剖宫产。

当母羊开始阵缩超过4~5小时及以上，而未见羊膜绒毛膜在阴门外或在阴门内破裂（绵羊需15分钟至2.5小时，双胎间隔15分钟；山羊需0.5~4小时，双胎间隔0.5~1.0小时），母羊停止阵缩或阵缩无力时，须迅速进行人工助产，不可拖延时间，以防胎儿死亡。

保定母羊，一般使羊侧卧，保持安静，让前躯低、后躯稍高，以便于矫正胎位。对助产者手臂、助产用具进行消毒；对母羊阴户外周用1：1 000的新洁尔灭溶液进行清洗。确定胎位是否正常，判断胎儿死活。胎儿正产时，手入阴道可摸到胎儿嘴巴、两前肢，两前肢中间夹着胎儿的头部；当胎儿倒产时，手入产道可发现胎儿尾巴、臀部、后蹄及脐动脉。以手指压迫胎儿，如有反应，表示尚存活。

常见的难产位有头颈侧弯、头颈下弯、前肢腕关节屈曲、肩关节屈曲、胎儿下位、胎儿横向、胎儿过大等，可按不同的异常产位将其矫正，然后将胎儿拉出产道。多胎母羊，应注意怀羔数目，在助产中认真检查，直至将全部胎儿助产完毕，方可将母羊归群。

阵缩及努责微弱的，可皮下注射垂体后叶素、麦角碱注射液1~2毫升。必须注意，麦角制剂只限于子宫完全开张，胎势、胎位及胎向正常时方可使用，否则易引起子宫破裂。

当羊怀双羔时，可遇到双羔同时各将一肢伸出产道，形成交叉的情况。由此形成的难产，应分清情况。可触摸腕关节确定前肢，触摸跗关节确定后肢。若遇交叉，可将另一羔的肢体推回腹腔，先整顺一只羔羊的肢体，将其拉出产道，再将另一只羔羊的肢体整顺拉出。切忌将两只羔羊的不同肢体误认为同只羔羊的肢体。

子宫颈扩张不全或子宫颈闭锁，胎儿不能产出，或骨骼变形，致使骨盆腔狭窄，胎儿不能正常通过产道时，可进行剖腹产急救胎儿，保护母羊安全。

（四）子宫扭转

子宫扭转是妊娠及其内容围绕子宫颈的纵轴发生了旋转，封闭了子宫内的胎儿。绵羊和山羊都可发生。这种子宫位置的变化，通常都是在分娩前不久或者在分娩时子宫颈管开张期间形成的，再早发生的极为少见。

扭转的程度可以为1/4、1/2或3/4，也可以是完全扭转。通常都涉及子宫颈口，有时也使阴道变为扭转。

【病因】

（1）子宫扭转的直接原因是在子宫位置保持不动的情况下，母羊围绕着自己身体的纵轴而迅速翻转。例如从斜坡上跌下来时，多次翻滚，就会发生子宫扭转。

（2）在妊娠末期，腹壁上受到外界的机械作用(推动、压迫)。

（3）羊只彼此拥挤或沿坡下滑时(尤其怀单胎)，也可以引起子宫扭转。

【临床症状】

症状的轻重，根据子宫是完全扭转或不完全扭转而异（图8.5）。一般是完全扭转的较重，不完全扭转的表现较轻。在分娩以前较久发病者，最初有不安现象和消化不良，以后起

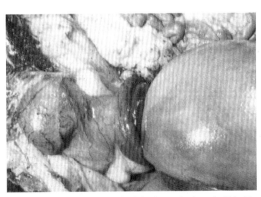

图8.5　子宫扭转：子宫体红色、水肿，出现扭转现象

卧不宁、食欲废绝、反刍停止，发生鼓胀。由于周期性的疼痛减轻，羊可周期性地变得安静。体温正常，呼吸和脉搏加快。如果不并发败血病(症状为体温急剧升高和消化紊乱加剧)，经过2～3天即可好转。

妊娠末期子宫扭转的表现是，羊有阵缩和开始分娩的症状，但产道中并不露出胎囊。在这种情况下，阵缩有时造成剧痛。阴唇并不肿胀，甚至有些皱缩，常常稍微陷入阴道中。分娩时遇到子宫颈开张不全造成的难产，往往是由于子宫发生了不完全扭转，此点应该引起特别的注意。

【诊断要点】

阴道检查可以精确地辨认子宫扭转。当检查阴道时，可发现阴道因发生狭窄而呈漏斗状，其深部有朝着子宫颈的螺旋状皱襞。由这种皱襞即可证明子宫已发生扭转。为了确定子宫扭转的方向，应特别注意黏膜皱襞的方向。如果皱襞的方向是由左后上方向右前下方旋转，就是向右侧扭转。当将手指插入阴道内进行触诊时，如果手指前进的方向是按顺时针方向旋转，即为子宫向右扭转，若呈逆时针方向则是向左扭转。对于不完全扭转，手指可以通过变小的子宫颈而达到胎儿，但完全扭转时，则手指无法伸入子宫颈管。

应注意将不完全扭转与子宫颈管狭窄相区别。

【防治措施】

本病主要在于加强孕羊管理，做好保胎工作。因此在舍饲时要避免发生拥挤，放牧时尽量不要赶到陡坡上去，防止受到各种惊吓和机械性损伤。

治疗：治疗的主要原则是松开子宫，为此可采用以下几种方法：

（1）由助手提高羊的后肢，使腹腔器官移向横膈膜，让子宫得以自由转动。然后自己将手放在右腹壁上能够摸到胎儿的地方进行翻转。如果从阴道检查确定是向右扭转，可以试行翻转胎儿，则子宫自然也会随着胎儿向上翻转过来。为了使翻转的作用加大，助手可在对侧慢慢地向下推动。在子宫向左扭转时，手的动作应相反。即医师用手向下推而助手向上翻。

（2）如果上述方法得不到预期效果，可以将羊绕其纵轴向着子宫扭转的方向翻转，使子宫松开。将羊牵到宽敞的地方，铺上褥草，同时在场地的一侧，放上一层很厚的麦草。然后将羊放在麦草上，使其后躯高于前部，并将两前肢和两后肢分别捆住。使羊侧卧，子宫向哪一侧扭转即卧于哪一侧，在迅速翻转羊体时，沉重的怀孕子宫由于惯性的关系，并不随着羊体的翻转而转动，因而即可松开。

不管采用上述哪一种方法，都应该在操作之后将手伸入阴道，检查翻转的方向是否正确。当翻转的方向正确时，用手可以感到产道变宽，否则仍感到产道变狭。若感到变狭，即需要再向相反的方向旋转。

最好是术者手伸入阴道，握住胎羊的某一部分，以防止在母羊旋转时，子宫也跟着移动。否则常需翻转4～10次，才能得到预期效果。在获得较好效果以后，不必进行助产，应让母羊自行产出胎儿。

（3）如果以上各法仍不能使子宫的位置恢复正常，即可施行腹壁切开术。

（五）胎水过多

胎膜腔内积有大量液体时称为胎水过多，其主要特征是尿水过多或羊水过多，也可能是二者同时合并发生。此病常见于绵羊及山羊。胎水在质的方面无大变化，也可能比正常胎水稀一些。

绵羊的羊水量一般不多，最大限度约有450毫升，但在胎水过多时，可以达到700毫升左右。

【病因】

（1）因为脐带或者胎膜的某些部分发生扭转。

（2）胎儿或母体的肾脏发炎、心脏衰弱以及肝、肺患有某些疾病。

（3）有些羊膜腔积水的病例显然是由于羊膜上皮的机能紊乱而发生，因为羊膜上皮能够分泌羊水。

（4）怀双羔或胎羔畸形时容易发生胎水过多现象。

【临床症状】

大多数病例均发生在怀孕的后半期，病的发展慢。最初全身不显症状，食欲正常，只是腹部逐渐膨大。在病程严重时，怀孕3.5个月的羊即显腹部增大，背部极度下陷，肷窝被胎水顶起（图8.6）。而在怀孕过程正常时，肷窝则很明显。

全身情况随着疾病的进展而逐渐恶化，食欲显著降低，病羊极度消瘦，被毛蓬乱。眼无神而沉郁。呼吸困难。脉搏快而弱，有时可以达到100～120次。

病羊行走困难，喜欢卧下，不易使其站立。

检查阴道时，发现子宫颈深陷于腹腔之中。

病程严重时，可能发生子宫破裂或腹肌破裂，也容易发生早产，而且胎儿没有生活能力。

病程轻的时候，怀孕进行正常，但在分娩时照例会发生阵缩微弱，甚至没有阵缩。在这种情况下，不进行助产即无法娩出胎儿。如果在分娩前两周或两周以上已不能自行站起，常由于恶病质或败血病而死亡。

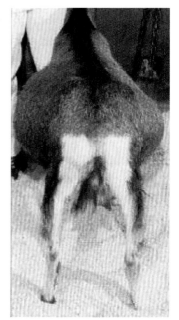

图8.6 腹部过度增大，背部极度下陷，肷窝被胎水顶起

【诊断要点】

因为从外部视诊容易看出是胎水过多，故诊断没有困难，但必须注意与腹腔积水和多胎相区别。在胎膜破裂时易于进行鉴别诊断，因为尿水稀薄，呈淡褐色，而羊水是浆液性的，透明或者是淡浊白色。

【防治措施】

（1）病程轻时，可给予体积小而富于营养的饲料，限制饮水和食盐。每天做规律的运动，等待正常分娩。在这样的饲养管理下，可以维持正常怀孕。

（2）通过腹壁进行子宫穿刺，让液体排出，有时可有疗效，但常常会引起流产。

（3）可试灌大量氯化铵(每天3～5克)或双氢克尿塞(每天3次，每次5片)，以增加水分的排泄。

（4）病程严重时，特别是出现危害母羊生命的症状时，应及早行人工流产。

（六）子宫出血

本病是指在怀孕期间由子宫向外流血。山羊和绵羊都可发生，山羊比较多见。

【病因】

（1）由于受到外伤，使子宫的血管发生破裂，如孕羊跌倒或腹部受到打击等。

（2）由于传染病或寄生虫病的影响。

（3）因为内分泌系统的机能发生紊乱。如怀孕期又发情。

【临床症状】

首先表现不安、咩叫，有努责和起卧动作。随着病的发展，阵缩逐渐增强。当羊只卧下时，阴道中周期性排出血块，这种血液由于混有子宫黏液，故呈暗褐色。

子宫大量出血时，可以发现全身急性贫血症状，可视黏膜苍白，肌肉颤抖，全身虚弱（图8.7），脉搏快而弱。有时子宫出血没有临床症状。

图8.7　由于子宫大量出血，造成急性贫血，可视黏膜苍白

【诊断要点】

根据阴门中排出血液凝块即可做出诊断。利用开膣器视诊子宫颈膣部时，可以发现子宫颈管中流出血液。

当子宫出血时，在阴道中一定会发现有血液凝块，但在阴道出血时，则不形成血凝块。

【防治措施】

加强护理，尽量防止孕羊受到外伤。

治疗：首先应使羊充分安静，保持前高后低位，以减低后躯血压。不要反复进行阴道检查，以免刺激阴道，引起阵缩加强而出血增多。然后根据病羊情况采取下列治疗：

（1）进行止血。可以冷敷腰部，皮下注射0.1%肾上腺素0.5～1.0毫升；静脉注射仙鹤草素，每次5～10毫升，每天2～3次。也可以应用止血定注射液。

（2）羊表现不安时，可灌服水合氯醛，或给予白酒100～120毫升。

（3）有急性贫血症状时，可以注射氯化钠等渗溶液，也可以施行输血(取健康羊血液100～200毫升，静脉徐徐输入)。

（4）如果胎儿已排出，为了加速子宫收缩，可以注射催产素。

在治疗过程中，绝对不可应用樟脑、咖啡因或其他强心剂。

二、产后期疾病

（一）胎衣不下

胎衣不下是孕羊产后正常时间内，胎衣仍然排不出来的一种疾病。胎儿出生以后，母羊排出胎衣的正常时间，绵羊为3.5小时，山羊为2.5小时。此病在绵羊、山羊均可发生。

【病因】

本病多因孕羊缺乏运动，饲料中缺乏钙盐及维生素，饮饲失调，体质虚弱等引起。此外，子宫炎、布鲁杆菌等也可致病。有报道羊缺硒也可致胎衣不下。

【临床症状】

胎衣不下分为全部不下及部分不下两种。

（1）胎衣全部不下：即整个胎衣未排出来。胎儿胎盘的大部分仍与子宫黏膜连接，仅见部分胎膜悬垂于母羊阴门之外（图8.8）。悬垂部分呈土红色的绳索状，常被粪土污染，表面上有许多大小不等的子叶。病羊拱背，时常努责，有时由于努责剧烈，可引起子宫脱出。如果胎衣能在24小时以内全部排出，多半不会发生什么并发病。但若超过一天时，则胎衣会发生腐败，尤其是气候炎热时腐败更快。从胎衣开始腐败起，即因腐败产物引起中毒，而使

图8.8　土红色的绳索状胎膜悬垂于母羊阴门之外

羊的精神不振，食欲减少，体温升高，呼吸加快，泌乳减少或停止，从阴道中排出恶臭的分泌物。由于胎衣压迫阴道黏膜，可能使其发生坏死。此病往往并发败血病、破伤风或气肿疽，或者造成子宫或阴道的慢性炎症。如果羊不死亡，一般在5～10天内，全部胎衣发生腐烂而脱落。山羊对胎衣不下的敏感性比绵羊大。

（2）胎衣部分不下：即胎衣的大部分已排出，只有个别胎儿的胎盘残留在子宫内，从外部不易发现。诊断主要根据恶露排出时间延长，有臭味，其中含有腐败胎衣碎片等。

【诊断要点】

根据病史及临床症状上很容易做出诊断。

【防治措施】

（1）预防：加强怀孕母羊的饲养管理，注意日粮中钙、磷和维生素A、维生素D的补充。舍饲时要适当增加运动时间，临产前一周减少精料，分娩后让母羊自行舔干羔羊身体上的黏液，可能条件下灌服羊水，并尽早让羔羊吮乳。分娩后即注射葡萄糖氯化钙溶液，或饮益母草当归水。

（2）治疗：病羊分娩后不超过24小时，可用垂体后叶素注射液、催产素注射液或麦角碱注射液0.8～1毫升，一次肌内注射。用药物治疗已达48～72小时仍不奏效，应立即采用手术法剥离。不借助手术剥离，可辅以防腐消毒药或抗生素，让胎膜自溶排出，达到自行剥离的目的。可于子宫内投放土霉素(0.5克)胶囊，效果较好。中药可用当归9克、白术6克、益母草9克、桃仁3克、红花6克、川芎3克、陈皮3克，共研细末，开水调后候温内服。当体温高时，宜用抗生素注射。

（二）子宫脱出

此病是分娩之后子宫外翻并且脱出在外的疾病，以妊娠子宫角发生者较多。子宫脱出通常发生于分娩后6小时以内，因此时子宫尚未缩小，子宫颈仍旧开张，而使子宫角和子宫体能够通过。但也有些病例见于分娩以后9～14小时。

羊发生此病虽然比牛少，但其危险性却比牛大，应该按急病对待，绝不可延误治疗。

【病因】

（1）子宫脱出的诱因是：舍饲时运动不足，饲养不当以及由于胎儿过大或胎水过多而引起的子宫过度伸张。

（2）难产时，如果牵引胎儿用力过大，容易引起此病。

（3）当子宫中没有胎水时，如果迅速拉出胎儿，可能在胎儿刚出产道之后立即引起子宫脱出。

（4）产后子宫颈口开张，子宫收缩尚不完全，如果此时后躯位置过低，则子宫因受到内脏的压迫而容易脱出。

（5）胎衣不下时，胎膜与子宫的子叶结合紧密，容易因胎衣的重力而引起此病。尤其是在子宫角尖端的胎衣尚未脱落而强力拉出时，便可能直接引起子宫脱出。

【临床症状】

子宫脱出有完全脱出与不全脱出。

如果只有一个子宫角怀孕时，从阴门裂中垂出红色、发亮、拳头大以至小儿头大的梨形物，其末端扩大下垂到跗关节，而另一

图8.9 子宫完全脱出

个子宫角则包在脱出部分之内，并不外翻。在两个子宫角都怀孕时，则脱出子宫的大小加倍，表面显有杯状子叶。

在严重时与阴道共同翻转而脱露。如果在空气中停留时间过久，则变为暗红色。往往因受到粪尿及褥草的污染而有黑色斑点。时间再长时，黏膜下组织及肌内层发生水肿，逐渐变为坏疽。严重的子宫脱出常常并发便秘或拉稀。

【防治措施】

（1）预防：

1）平时加强饲养管理，保证饲料质量，使羊身体状况良好。

2）在怀孕期间，保证羊只有足够的运动，增强子宫肌内的张力。

3）多胎的母羊，往往在产后14小时左右才发生子宫脱出，因此在产后14小时以内必须细心注意产羔羊，以便及时发现病羊，尽快进行治疗。

4）遇到胎衣不下时，绝不要强行拉出。

5）遇到产道干燥时，在拉出胎儿之前，应给产道内涂灌大量油类，并在拉出之后立刻施行脱宫带，以预防子宫脱出。

（2）治疗：

1）施行子宫整复术。如果及早整复，常可以复原，唯需极端轻捷而干净。整复时应按照以下步骤进行：

a.进行整复以前先剥离胎衣，仔细清除子宫上的粪便和褥草。然后用3%冷明矾水彻底洗涤子宫，并将子宫放在清洁的塑料布上。

b.如果黏膜上有小伤口，必须涂擦碘酊。有深伤时应当进行缝合，然后着手整复。整复时可将羊的后肢提起。

如果脱出的子宫瘀血严重，以致体积变大而无法整复时，可以给子宫壁内注入70%~80%的酒精25~30毫升，等候半小时左右，让体积变小以后再整复。

c.整复子宫应从靠近外生殖器的部分开始，为此可用手握住脱出子宫的前部，将其逐渐推入阴道中。以后用同样方法处理靠后的部分。

d.当将要整复完毕时，可将2~3个手指伸到子宫底部，将其推入骨盆腔，并尽可能地推入腹腔内。

e.为使子宫角的套叠完全消失和促进子宫收缩，可注入300毫升左右冷开水。

f.为了避免重复脱出，可以让羊站立成后躯较高的姿势，并在阴门上缝合两针，或者施用脱宫带。

如果努责剧烈，应及时灌服下列镇静剂：溴化钾10克，溴化钠10克，溴化铋10克，人工盐80克。分为3次灌服。

2）施行子宫摘除术。在无法整复或发现子宫壁上有很大的裂口、穿透伤或坏死时，即可摘除子宫。这样可以挽救羊的生命，以后肥育做食用。绝不要采取缝合后整复的方法。

摘除子宫的步骤如下：

a.将羊放在手术台上，用手术巾掩盖后躯。彻底清洗子宫，并用0.1%的高锰酸钾及3%的白矾水，先后洗净阴门周围。

b.确定脱出的子宫腔中是否有肠道、膀胱或网膜，为此可以从一侧子宫的基部切开子宫，用手探其腔。如果有内脏器官，必须将其推回腹腔。

c.用直径约2毫米的消毒细绳子或绷带作为结扎线，涂以凡士林或油类，然后在子宫颈部打一个外科结，并慢慢将其勒紧。

d.从结扎线后部4～5厘米处切断子宫，立刻烧烙断端到结痂为止，并将断端推入骨盆腔中。

e.手术之后，应每天用弱消毒液或白矾水冲洗阴道，直到断端消失而无分泌物时为止。如果因努责剧烈而发生阴道脱出，应缝合阴门。如果因阴道壁肿胀而妨碍排尿，应进行导尿。

在摘除子宫以后，会很快发生兴奋不安现象，但在15～45分钟以后，即可安静下来。如果兴奋剧烈，可加以镇静或麻醉。

3）并发便秘和拉稀时，应进行对症治疗。

（三）子宫内膜炎

子宫内膜炎是常见的母羊生殖器官的疾病，是由于分娩、助产、子宫脱、阴道脱、胎衣不下、胎儿死于腹中等导致细菌感染而引起的子宫黏膜炎症，也是导致母羊不孕的重要原因之一。

【病因】

（1）配种、人工授精及接产过程消毒不严，容易引起发病。

（2）分娩时期圈舍不清洁，或接产过程消毒不严，容易引起发病。

（3）为阴道脱出、子宫脱出、胎衣不下及阴道炎等疾病的继发症。

【临床症状】

临床表现有急性和慢性两种情况。

（1）急性：病羊体温升高，食欲减少，反刍停止，精神萎靡。常从阴门流出污红色腥臭的排出物，阴门周围及尾部有干痂附着。由于炎性渗出物的刺激，同时可使阴道及前庭发炎。有时由于病羊努责而发生阴道不全脱出。如为传染性子宫炎，则体温显著增高，病羊极度虚弱，泌乳停止，有时表现昏迷及血中毒现象，甚至造成死亡。

（2）慢性：多由急性转变而来，食欲稍差，阴门排出少量卡他性或脓性渗出物，发情不规律或停止发情，不易受胎。

图8.10　子宫内有已经腐败的胎儿，阴门不断有恶臭物排出

卡他性子宫内膜炎有时可以变为子宫积水，造成长期不孕，但外表没有排出液，不易确诊，只能根据有子宫卡他性炎症的病史进行推测。

【诊断要点】

本病从临床症状及病因不难做出诊断。

【防治措施】

注意保持圈舍和产房的清洁卫生，临产前后，对阴门及周围部消毒；在配种、人工授精和助产时，应注意器械、术者手臂和母羊外生殖器的消毒。及时正确的治疗流产、

难产、胎衣不下、子宫脱出及阴道炎等疾病，以防损伤和感染。加强饲养管理，搞好传染病的防治工作。

治疗方法如下：

（1）对于急性子宫内膜炎，用青霉素80万单位、链霉素50万单位，肌内注射，每天早晚各一次。治疗自体中毒，可应用10%葡萄糖溶液100毫升、复方氯化钠溶液100毫升、5%碳酸氢钠溶液30～50毫升，一次静脉注射。

（2）进行子宫冲洗和灌注。选用生理盐水、0.1%高锰酸钾溶液、0.1%～0.2%雷佛奴尔溶液、0.1%复方碘溶液等，每天或隔天冲洗子宫，至排出的液体透明为止。洗涤后可根据情况，灌注青霉素或链霉素，通常两者合用，青霉素每次为80万单位，链霉素为0.5～1克；为了防止注入的溶液外流，所用的溶剂（生理盐水或注射用水）数量不宜过多，一般为20～30毫升。应用子宫收缩剂，为增强子宫收缩力，促进渗出物的排出，可给予垂体后叶素、氨甲酰胆碱、麦角制剂等。

（3）中药治疗，用当归10克、川芎10克、黄芩10克、赤芍5克、白术5克、白芍5克，水煎成100～150毫升，4层纱布过滤，再用滤纸过滤，煮沸备用。先用40℃3%硼砂溶液冲洗阴道和子宫，冲洗液导出后注入上述滤液1剂，每天1次。

（四）生产瘫痪

生产瘫痪又称乳热病或低钙血症，此病主要见于成年母羊，发生于产前或产后数日内，偶尔见于怀孕的其他时期，是一种急性而严重的神经疾病。其特征以轻瘫、低血钙、循环性虚脱、昏迷等为主要特征。山羊和绵羊均可患病，以高产羊多见。

【病因】

舍饲、产乳量高以及怀孕末期营养良好的羊只，如果饲料营养过于丰富，都可成为发病的诱因。低钙血的含意仅指羊血中含钙量低，并不意味着母羊体内缺钙，因为骨骼中含钙很丰富。它只是说明由于复杂的调控机制失常，导致血钙暂时性下降。在产羔母羊，每天要产奶 2 ～ 3 千克，而奶中钙含量高，就使血钙量发生转移性损失，导致血钙暂时性下降到正常水平的一半左右。这一时期虽然饲料中含有适量的钙，但经肠道能吸收者很少，这就不得不将骨中的钙再还回血液。

【临床症状】

最初症状通常出现于分娩之后，少数的病例，见于妊娠末期和分娩过程。病初全身抑郁，食欲减少，反刍停止，后肢软弱，步态不稳，甚至摇摆。有的绵羊弯背低头，蹒跚走动。由于发生战栗和不能安静休息，呼吸常见加快。此后羊站立不稳，在企图走动时跌倒。有的羊倒后起立很困难。有的不能起立，头向前直伸，不吃，停止排粪和排尿。舌头从半开的口中垂出，咽喉麻痹（图8.11）。针刺皮肤无反应。脉搏先慢而弱，以后变快，勉强可以摸到。呼吸深而慢。病的后期常常用嘴呼吸，唾液随着呼气吹出，或从鼻孔流出食物。病羊常呈侧卧姿势，四肢伸直，头弯于胸部，体温逐渐下降，有时降至36℃。

图8.11　头向前伸直，不断呻吟，舌头从口中脱出

皮肤、耳朵和角根冰冷，很像将死状态。有些病羊往往死于没有明显症状的情况下，例如有的绵羊在晚上表现完全正常，而次日早晨却已死亡。

【诊断要点】

根据发病时期和临床症状可以做出初步诊断。尸体剖检时，看不到任何特殊病变。血液样品钙含量分析室分析时可发现元素钙的含量一般从2.48毫摩/升下降到0.94毫摩/升。根据此症状就可以最后确诊。

【防治措施】

（1）预防：

1）在整个怀孕期间都应喂给富含矿物质的饲料。单纯饲喂富含钙质的混合精料，通常没有预防效果，假若同时给予维生素D，则效果较好。

2）产前应保持适当运动。但不可运动过度，因为过度疲劳反而容易引起发病。

3）对于习惯发病的羊，于分娩之后，及早应用下列药物进行预防注射：5%氯化钙40～60毫升，25%葡萄糖80～100毫升，10%安钠咖5毫升混合，一次静脉注射。

4）在分娩前和产后1周内，每天给予蔗糖15～20克。

（2）治疗：

1）静脉或肌内注射10%葡萄糖酸钙50～100毫升，或者应用下列处方：5%氯化钙60～80毫升，10%葡萄糖120～140毫升，10%安钠咖5毫升混合，一次静脉注射。

2）采用乳房送风法。可以利用乳房送风器送风。没有乳房送风器时，可以用自行车的气管子代替。

送风步骤如下：

a.使羊稍呈仰卧姿势，挤出少量乳汁。

b.用酒精棉球擦净乳头，尤其是乳头孔。然后将煮沸消毒过的导管插入乳头中，通过导管打入空气，直到乳房中充满空气为止。用手指叩击乳房皮肤时有鼓响音者，为充满空气的标志。在乳房的两半中都要注入空气。

c.为了避免送入的空气外逸，在取出导管时，应用手指捏紧乳头，并用纱布绷带轻轻的扎住每一个乳头的基部。经过25～30分钟将绷带取掉。

d.将空气注入乳房各叶以后，小心按摩乳房数分钟。然后使羊四肢蜷曲伏卧，并用草束摩擦臀部、腰部和胸部，最后盖上麻袋或布块保温。

e.注入空气以后，可根据情况考虑注射50%葡萄糖溶液100毫升。

f.如果注入空气后6小时情况并不改善，应再重复做乳房送风。

（五）乳房炎

乳房炎是由于病原微生物感染而引起乳腺和乳头局部发炎，乳汁理化特性也发生改变的一种疾病。多见于泌乳期的绵羊、山羊。特征为乳腺发生各种不同性质的炎症，乳房发热、红肿、疼痛，影响泌乳机能和产乳量。常见的有浆液性乳房炎、卡他性乳房炎、脓性乳房炎和出血性乳房炎。

【病因】

引起羊乳房炎的病原微生物常见的细菌以金黄色葡萄球菌为主。该病多因挤乳人员技术不熟练，损伤了乳头、乳腺体；或因挤乳人员手臂不卫生，使乳房受到细菌感染；或羔羊吮乳咬伤乳头。亦见于结核病、口蹄疫、子宫炎、羊痘、脓毒败血症等过程中。此外，物理化学的原因如外伤、冻伤、化学刺激等，也可引发本病。

【临床症状】

轻者不显临床症状，病羊全身无反应，仅乳汁有变化。一般多为急性乳房炎，乳房局部肿胀、硬结、热痛，乳量减少，乳汁变性。其中混有血液、脓汁等，乳汁有絮状物，褐色或淡红色（图8.12～图8.19）。挤乳或羔羊吃乳时，母羊抗拒、躲闪。炎症延续，病羊体温升高，可达41℃，出现厌食等全身症状，如不及时治疗，炎症转为慢性，则病程延长。由于乳房硬结，常丧失泌乳机能。脓性乳房炎可形成脓腔，使腔体与乳腺相通。若穿透皮肤可形成瘘管。山羊可患坏疽性乳房炎，为地方流行性急性炎症，多发生于产羔后4～5周。

244

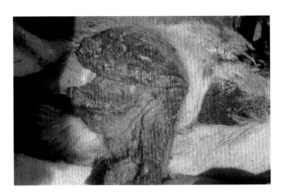

图8.12　急性乳房炎，红、肿、痛

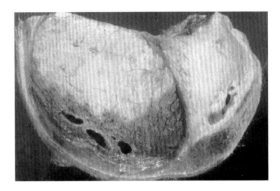

图8.13　皮下水肿，乳腺组织形成脓腔

图8.14　一侧乳房变为紫色、乳头柔软

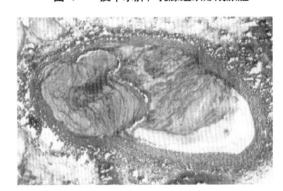

图8.15　乳腺组织切片可见动脉内红色纤维性血栓

245

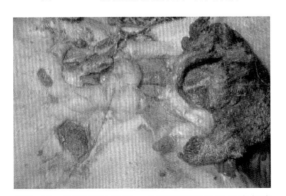

图8.16　坏疽性乳房炎：中间凹陷红色的为康复中组织，而大片的黑色坏死组织还没有脱落

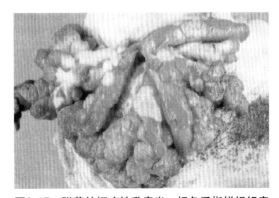

图8.17　脱落的坏疽性乳房炎：红色手指样组织表明坏疽组织中仍然残存有血管

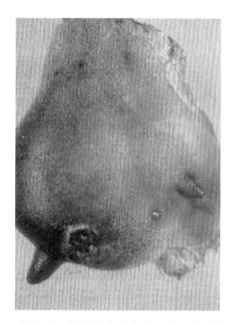

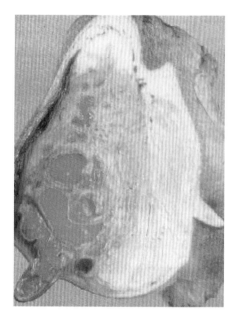

图8.18　慢性葡萄球菌乳房炎：左侧乳房已经肿大、变硬，并且通过瘘孔向外排泄脓性物质

图8.19　慢性葡萄球菌乳房炎：感染的乳腺部分肿大，并充满红色的脓性物质，而另一侧乳腺出现萎缩

【临床诊断】

　　本病根据临床症状较易诊断。同时进行乳汁的检查，在乳房炎的早期诊断和确定病性上，有着重要的意义。

【防治措施】

　　（1）预防：乳房炎是奶山羊最常见的一种疾病，严重影响奶的产量及质量，且有害于公共卫生和人类健康。因此，对于本病的防治，必须给予应有的重视。

　　挤乳时要采用掌握压挤法，切忌滑挤，不要用手指拉扯乳头；要定时挤奶，每次挤奶务必挤净；根据产奶量多少，决定合理的挤奶次数。一般每天挤奶2次，高产羊挤3～4次。注意羊舍清洁，定期清除羊粪，并经常洗刷羊体，尤其是乳房，可用0.1%新洁尔灭溶液经常擦洗乳头及其周围，以除去污物。平时要注意防止羊乳房受伤，如有损伤要及时治疗。乳头干裂者，可擦貂油或凡士林。在挤奶前，必须剪指甲、洗净手，并用漂白粉溶液浸过的毛巾彻底清洗乳房。每次挤奶后，可选用0.5%～1%碘液、0.5%～1%洗必泰浸浴乳头，干奶后和分娩前一周，每天要浸浴乳头2次。

（2）治疗：病初，可选用青霉素40万单位、链霉素0.5克，用注射用水5毫升溶解后注入乳孔内。注射前应挤净乳汁，注射后轻揉乳房腺体部，使药液分布于乳房腺体中，每天一次，连用3天。或采用青霉素普鲁卡因溶液，于乳房基部进行多点封闭疗法。也可内服或注射磺胺类药、红霉素、先锋霉素等；为促进炎症吸收消散，除在炎症初期可应用冷敷外，2～3天后可采用热敷疗法。除化脓性乳房炎外，外敷前可配合乳房按摩。

中药治疗：急性者可试用当归15克、生地6克、蒲公英30克、金银花12克、连翘6克、赤芍6克、川芎6克、瓜蒌6克、龙胆草24克、山栀6克、甘草10克，共研细末，开水调服，每天1剂，连用5天。亦可将上述中药煎水内服，同时应积极治疗继发病。

对化脓性乳房炎及开口于深部的脓肿，要先排脓再用3%过氧化氢(双氧水)或0.1%高锰酸钾溶液冲洗，消毒脓腔，再以0.1%～0.2%雷佛奴尔纱布条引流，同时用抗生素配合全身治疗。

第九章　羔羊疾病

一、新生羔羊窒息（假死）

初生羔羊假死又称初生羔羊窒息。羔羊产出时呼吸极弱或停止，但仍有心跳的，称为假死或窒息。

【病因】

（1）对接产工作组织不当，严寒的夜间分娩时，因无人照料，使羔羊受冻太久。

（2）难产时脐带受到压迫，或胎儿在产道内停留时间过长，有时是因为倒生，助产不及时，使脐带受到压迫，造成循环障碍。

（3）母羊有病，血内氧气不足，二氧化碳积聚多，刺激胎儿过早地发生呼吸反射，以致将羊水吸入呼吸道。例如母羊贫血或患严重的热性病时。

【临床症状】

羔羊横卧不动，闭眼，舌外垂，口色发紫，呼吸微弱甚至完全停止。口腔和鼻腔积有黏液或羊水。听诊肺部有湿啰音。体温下降。严重时全身松软，反射消失，只是心脏有微弱跳动。

【防治措施】

（1）预防：

1）在产羔季节，应进行严密的组织安排，夜间必须有专人值班，及时进行接产，对初生羔羊精心护理。

2）在分娩过程中，如遇到胎儿在产道内停留较久，即应及时进行助产，拉出胎儿。

3）如果母羊有病，在分娩时应迅速助产，避免延误而发生窒息。

（2）治疗：根据假死程度的不同，采取不同的急救措施。

1）如果羔羊尚未完全窒息，还有微弱呼吸时，应即刻提着后腿，倒提起来，轻拍胸腹部，刺激呼吸反射，同时促进排出口腔、鼻腔和气管内的黏液和羊水，并用净布擦干羊体，然后将羔羊泡在温水中，使头部外露。稍停留之后，取出羔羊，用干布片迅速摩擦身体，然后用毡片或棉布包住全身，使口张开，用软布包舌，每隔数秒钟，把舌头向外拉动一次，使其恢复呼吸动作。待羔羊复活以后，放在温暖处进行人工哺乳。

2）若已不见呼吸，必须在除去鼻孔及口腔内的黏液及羊水之后，施行人工呼吸。同时注射尼可刹米、洛贝林或樟脑水0.5毫升。也可以将羔羊放入37℃左右的温水中，让头部外露，用少量温水反复洒向心脏区，然后取出，用干布摩擦全身。

3）于脐动脉内注射10%氯化钙2～3毫升。治疗原理是：在脐血管和脐环周围的皮肤上，广泛分布着各种不同的神经末梢网，形成了特殊的反射区，所以从这里可以引起在短时间内失去机能的呼吸中枢的兴奋。

不管采用哪一种方法治疗，都必须争取时间及早进行。如果治疗太晚，则大脑皮层细胞和中枢神经系统的其他部分发生深度的机能性改变，即使采用理化刺激，也无法恢复机能。

二、胎粪不下

胎粪不下又名胎粪停滞或胎粪秘结。本病在山羊羔和绵羊羔都能发生。

【病因】

（1）由于吃不到初乳或初乳不足，尤其是初乳质量不良。

（2）羔羊体质瘦弱，肠道蠕动无力。

（3）人工喂奶不能定时、定量、定温。

（4）有时是因为羔羊发生了肠套迭。

【临床症状】

羔羊精神不好，吃奶很少或完全不吃奶，排粪困难，表现拱背、努责、摇尾，后躯下蹲呈排尿姿势。严重者腹部发胀，腹痛不安，卧地不起，后腿伸直，发出哀叫声。羔羊有时起卧不安，疯狂。

腹部听诊时，肠音减弱或停止。进行腹部触诊，有时可以摸到硬条状的肠段，细摸时有颗粒状感觉。发展到后期时，呼吸和心跳变快，结膜发红，口流清水，粪便干黑，附有黏液，或者排出少量黑褐色糊状粪便，好似面酱。如果发生肠套迭，即完全排不出粪，病的发展较快，预后不良。

【防治措施】

（1）预防：一是加强母羊怀孕后期的营养，增强羔羊体质，提高乳的质量，避免发生缺奶现象；二是人工喂奶时，必须做到定时、定量、定温。

（2）治疗：

1）停止吃奶，防止症状加剧和胀气。

2）促使粪便排出：①用温肥皂水或2%食盐水进行深部灌肠。②如果灌肠无效，可给液状石蜡5～10毫升或一轻松(双醋酚丁)1～2毫克，也可给小儿七珍丹15粒，每天一次。还可用中药番泻叶60克，加水500毫升，煮沸，再加水到500毫升，每只羔羊灌服30毫升，每天一次。

3）按摩腹部，促进肠道活动。

4）手术治疗。如诊断为肠套迭，可用手术方法整复。

三、羔羊多发性关节炎

羔羊多发性关节炎是以发热、跛行、消瘦及关节炎、浆膜炎、结膜炎为特征的一种急性、非致死性传染病。多发生于3～8月龄羔羊。

【病原】

病原为鹦鹉病群中的一种衣原体。这种衣原体与羊衣原体性流产的病原体不同，能在鸡胚内及豚鼠、火鸡、羔羊体内生长。病原体平时存在于绵羊消化道内，可随粪便排出体外。在羔羊密集饲养或运输途中过于拥挤时，可能发生直接接触传染。病原体除存在于病羔的关节外，亦存在于脑、血液、肝、肾及淋巴结。随病羔的粪便、尿、眼、鼻分泌物均能排出病原体。

【临床症状及病理变化】

病初，体温上升至41～42℃，拒食，离群，步态僵硬，腕关节极度弯曲，跛行，关节疼痛（图9.1）。随着病程进展，跛行加重，病羊拱背站立，难以行走，有的长期侧卧，不能站立，逐渐消瘦。几乎所有病羔发生滤泡性结膜炎。发病率高，死亡率低，不超过1%～2%，但终生跛行，生长发育缓慢。

病羔的四肢关节和寰枕关节的关节囊扩张，内有大量琥珀色液体（图9.2）。滑膜附有疏松的纤维素性絮片，纤维层及其邻近的肌肉水肿、充血及出血。关节软骨一般正常。关节滑膜层由于绒毛增生而变粗糙。腱鞘变化与关节相似，但纤维素量较少。两眼发生滤泡性结膜炎。

【诊断要点】

本病根据病史及临床症状可以做出初步诊断。还可用病羔羊关节液制作涂片，姬姆萨染色，可以在分泌滑液的细胞及单核细胞质内看到衣原体。

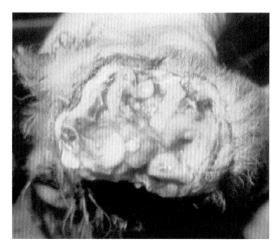

图9.1　腕关节极度弯曲，站立困难　　　　图9.2　关节囊扩张，内有大量琥珀色液体

【防治措施】

　　本病尚无特殊防治方法。发现病羊可采取消毒、隔离措施。病羔可应用土霉素治疗，每天用土霉素1~2毫克/千克体重，可以减轻症状。

主要参考文献

[1] 田玉平.封育禁牧舍饲养羊与疾病防治新技术［M］.银川：宁夏人民出版社，2003.

[2] 王建民，曹光荣.羊病学［M］.北京：中国农业出版社，2002.

[3] 王建辰，欧阳琨.羊病防治［M］.2版.西安：陕西科学技术出版社，1982.

[4] 陈怀涛.羊病诊断与防治原色图谱［M］.北京：金盾出版社，2003.

[5] 范围雄.牛羊疾病诊断彩色图说［M］.北京：中国农业出版社，1999.

[6] 赵兴绪.兽医产科学［M］.北京：中国农业出版社，1990.

[7] 沈正达.羊病防治手册［M］.北京：金盾出版社，2005.

[8] 孙俊峰，王金明.现代养羊新技术［M］.天津：天津大学出版社，2010.